Heinz-Dieter Krausch

Farbatlas
Wasser- und Uferpflanzen

279 Farbfotos

E.U.
VERLAG
EUGEN
ULMER

Die Deutsche Bibliothek – CIP-Einheitsaufnahme

Farbatlas Wasser- und Uferpflanzen / Heinz-Dieter Krausch. -
Stuttgart (Hohenheim) : Ulmer, 1996.
ISBN 3-8001-3352-0
NE: Krausch, Heinz-Dieter

Wollgrasweg 41, 70599 Stuttgart (Hohenheim)
Printed in Germany
Lektorat: Werner Baumeister
DTP & Produktion: Steffen Meier
Einbandgestaltung: Alfred Krugmann, Freiberg am Neckar
Druck: Georg Appl, Wemding

Inhaltsverzeichnis

Rotblühende Gartenhybride der Wohlriechenden Seerose (Nymphaea odorata), Haussee bei Feldberg/Mecklenburg.

Vorwort

Obwohl die Gewässer zu den bevorzugten Erholungsgebieten und Ausflugszielen gehören, ist die Kenntnis ihrer Pflanzenwelt im allgemeinen noch recht gering. Das liegt einmal an der schwierigen Zugänglichkeit der Wasser- und Sumpfstandorte, zum anderen aber auch an den unscheinbaren und wenig attraktiven Blüten vieler Wasser- und Uferpflanzen. Der vorliegende Farbatlas will dazu beitragen, das Interesse an der Flora der Gewässer und ihrer Ufer zu wecken und ihren Benutzern helfen, die hier wachsenden Pflanzen kennenzulernen. Dieses Kennenlernen soll sich nicht nur auf die Artbestimmung beschränken, der Leser soll auch das Wichtigste erfahren über die ökologischen Ansprüche der einzelnen Arten, ihre Rolle in den verschiedenen Biotopen, ihre Verbreitung und ihre Gefährdung. Viele Wasser- und Uferpflanzen sind heute in Mitteleuropa durch Nährstoffbelastung (Eutrophierung) der Gewässer, Uferverbauung, Erholungsnutzung und andere Ursachen mehr oder weniger stark in ihrem Bestand bedroht und bedürfen unserer Rücksichtnahme und des Schutzes. Im speziellen Teil dieses Buches werden die Wasser- und Uferpflanzen Mitteleuropas jeweils mit einem Farbfoto vorgestellt, ihre Merkmale kurz beschrieben und Angaben über Standortansprüche und Einordnung in die Vegetation, ihr Gesamtareal und ihre Verbreitung und Häufigkeit in Deutschland gemacht. Bei bedrohten Arten werden auch Hinweise auf ihren Gefährdungsgrad gegeben.

Behandelt werden ausschließlich die sogenannten Makrophyten, d.h. Arten aus den Abteilungen Armleuchtergewächse, Moose, Farnpflanzen und Blütenpflanzen. Aus Platzgründen können zwar nicht sämtliche bei uns wachsende Vertreter dieser Gruppierungen vorgestellt werden, doch enthält die Darstellung die häufigsten und wichtigsten Wasser- und Uferpflanzen Mitteleuropas, aber auch viele seltenere Arten.

Der dem speziellen Teil vorangestellte allgemeine Teil soll lediglich einige wichtige Zusammenhänge des pflanzlichen Lebens in Wasser und Sumpf verdeutlichen und die im Text verwendeten Begriffe erläutern, auch wird darin in aller Kürze auf Bedeutung und Verwendung, auf Bioindikation sowie auf Gefährdung und Schutz von Wasser- und Uferpflanzen eingegangen. Die Ausführungen zu allen diesen Punkten beschränken sich auf das Wesentlichste; weitere Einzelheiten müssen der einschlägigen Fachliteratur entnommen werden.

Ich habe mich bemüht, meine Darstellung so allgemeinverständlich wie möglich abzufassen, und hoffe dadurch auch solche Naturfreunde zu erreichen, die mit der Materie bisher nicht näher vertraut sind. Das vorliegende Buch wendet sich in erster Linie an einen weiten Leserkreis, doch hoffe ich, auch dem Fachmann noch die eine oder andere Information vermitteln zu können.

Abschließend möchte ich mich bei allen denen bedanken, die mir durch Auskünfte und Zusendung von regionaler Literatur, vor allem aber durch Überlassung von Farbdias schwer zu erreichender Wasser- und Uferpflanzen behilflich waren. Es sind dies die Damen und Herren Oskar Angerer, München, Dr. Gerhard Alscher, Berlin, Werner Feller, Guben, Dr. Dietrich Hanspach, Ortrand, Dr. Volker Hellmann, Konstanz, Helmut Jentsch, Lübbenau, Dr. Klaus Kaplan, Bad Bentheim, Dr. Werner Konold, Stuttgart-Hohenheim, Dr. Volker Kummer, Potsdam, Dr. Gerrit Leute, Klagenfurt, Dr. Werner Pietsch, Dresden, Henrik Sass, Neuglobsow, Wolfram Scheffler, Neuglobsow, Peter Wolff, Saarbrücken und Dr. Margrit Vöge, Hamburg.

Potsdam, im Frühjahr 1996
Heinz-Dieter Krausch

Allgemeiner Teil

Wasser- und Uferpflanzen in Mitteleuropa

Die Gewässer Mitteleuropas und ihre Ufer werden von einer Vielzahl von Pflanzen besiedelt, von mikroskopisch kleinen Algen bis hin zu übermannshohen Blütenpflanzen. Im vorliegenden Band werden davon nur die Süß- und Brackwasser-Makrophyten, d.h. mit bloßem Auge gut erkennbare größere Pflanzen aus den Abteilungen Armleuchtergewächse (Charophyta), Moose (Bryophyta), Farnpflanzen (Pteridophyta) einschließlich der Bärlappe und der Schachtelhalme und Blütenpflanzen (Anthophyta) behandelt. Nicht erwähnt werden alle Klassen der eigentlichen Algen, die marine Wasser- und Strandflora (von einigen Brackwasserarten abgesehen) und von den Blütenpflanzen die uferbesiedelnden Holzgewächse.

Begriffsbestimmung

Als Wasserpflanzen (Hydrophyten) bezeichnet man Pflanzenarten, die dauernd oder doch meistens im Wasser leben, entweder völlig oder größtenteils untergetaucht, oder während der Vegetationsperiode ganz oder mit ihren Blättern an der Wasseroberfläche schwimmen und dort auch blühen und fruchten.

Es gibt freilich zwischen Wasser- und Uferpflanzen mancherlei Übergänge, denn verschiedene Wasserpflanzen vermögen zeitweilig oder auch dauernd Landformen zu entwickeln, während andererseits Pflanzen, die normalerweise terrestrisch leben und dort blühen und fruchten, auch (meist steril bleibende) Wasserformen ausbilden können. Beispiele für ein solches amphibisches Verhalten von Wasser- und Uferpflanzen enthält der spezielle Teil dieses Buches.

Als Sumpfpflanzen (Helophyten) werden solche Uferpflanzen verstanden, die in einem Untergrund wurzeln, der ständig oder zeitweise flach unter Wasser steht oder stärker vernäßt ist, deren Blätter und Blüten sich jedoch fast immer (einzelne Arten können Unterwasser- und/oder Schwimmblätter entwickeln) im Luftraum befinden.

Anpassung

Wasser- und Sumpfpflanzen sind optimal an ihren speziellen Lebensraum angepaßt.

Die untergetaucht lebenden Wasserpflanzen müssen das für die Assimilation benötigte Kohlendioxid CO_2 dem Wasser entnehmen. Im allgemeinen ist der Kohlendioxidgehalt des Wassers doppelt so hoch wie der der Luft. In kalkhaltigen Gewässern liegt ein mehr oder weniger großer Teil des Kohlendioxids als wasserlösliches Kalziumhydrogenkarbonat Ca $(HCO_3)_2$ vor. Algen, Armleuchtergewächse und die meisten Farn- und Blütenpflanzen können auch das im Kalziumhydrogenkarbonat vorhandene Kohlendioxid zur Photosynthese nutzen. Durch den CO_2-Entzug kommt es dabei zur Ausfällung von unlöslichem Kalziumkarbonat $CaCO_3$, das sich auf den Blättern der submersen Wasserpflanzen als weißliche Kruste ablagert (biogene Entkalkung). Derartige Kalkinkrustationen können, insbesondere bei den Armleuchtergewächsen, die Artbestimmung erschweren. Wassermoose, aber auch Brachsenkraut und Wasser-Lobelie, sind zur Nutzung des Kalziumhydrogenkarbonats nicht in der Lage. Sie bleiben daher auf kalkfreie saure Gewässer (Heide- und Moorgewässer, Braunkohlenseen) beschränkt, in welchen die meisten Wasserpflanzen nicht mehr existieren können. Das Quellmoos benötigt Standorte mit dauernd hoher CO_2-Konzentration (Quellen, Grundwasseraustritte in Seen).

Auch den für die Atmung erforderlichen Sauerstoff müssen die Unterwasserpflanzen dem Wasser entnehmen. Die Aufnahme der Gase und der meisten Nährsalze erfolgt bei diesen Arten unmittelbar durch die Stengel und Laubblätter. Infolgedessen, und weil auch keinerlei Verdunstungsschutz notwendig ist, sind die Unterwasserblätter meist sehr zart und dünnhäutig. Aus dem Wasser gezogen vertrocknen sie, zumal bei warmem Sommerwetter, in kürzester Zeit. Will man Wasserpflanzen zur näheren Bestimmung oder als Beleg aufheben, müssen sie entweder sofort herbarisiert oder in einem mit Wasser gefüllten Gefäß aufbewahrt werden.

Wasserpflanzen benötigen aus denselben Gründen auch keine wasserleitenden Gefäße; sie sind bei ihnen nur schwach entwickelt oder fehlen ganz. An den Tauchblättern gibt es meist auch keine Spaltöffnungen, bei den Schwimmblättern befinden sich diese nicht wie sonst auf der Blattunter-, sondern auf der Blattoberseite. Der Auftrieb im Wasser macht bei den Wasserpflanzen ferner das Festigungsgewebe in den Stengeln und Blättern weitgehend entbehrlich. Ihre Sproßteile werden, vor allem bei den im fließenden Wasser wachsenden Arten und Formen, ausschließlich auf Zugfestigkeit beansprucht und besitzen infolgedessen einen besonderen Aufbau (Verlagerung der mechanischen Gewebe nach innen, Blattspreiten band- und fadenförmig oder in feine Zipfel aufgeteilt). Die geringe Löslichkeit des Sauerstoffs im Wasser und der oft völlig sauerstofffreie Untergrund haben zur Ausbildung eines Interzellularsystems geführt, in dem der bei der Assimilation anfallende Sauerstoff aufgefangen und gespeichert wird und das auch die Rhizome und Wurzeln ausreichend mit Sauerstoff versorgt.

Auch die Sumpfplanzen, welche in ihrem Bau sonst den Landpflanzen gleichen, zeichnen sich durch ein ausgeprägtes Interzellularsystem aus, da sich ihre im überfluteten oder vernäßten Untergrund wachsenden Wurzeln ebenfalls in einem sauerstofffreien Medium befinden und einer gesicherten Sauerstoffversorgung bedürfen.

Lebens- und Wuchsformen

Wie schon oben angedeutet, gibt es bei den Wasser- und Uferpflanzen verschiedene Lebens- und Wuchsformen, wobei amphibische Arten je nach dem Wasserstand mehrere Wuchsformen entwickeln können.
Die **Wasserpflanzen** (Hydrophyten) lassen sich in Tauchpflanzen und Schwimmpflanzen untergliedern.

Die **Tauchpflanzen** (Submersophyten) assimilieren unter Wasser; die Nährstoffe werden dem Wasser oder dem Substrat entnommen. Die erste Untergruppe sind die **Unterwasserpflanzen** (Demersophyten), welche unter Wasser blühen und fruchten und im tieferen Wasser oder im Schlamm überwintern. Sie schweben entweder im Wasser (Algen), sind am Substrat festgeheftet (Algen, Quellmoos) oder mit dünnen Wurzeln oder Rhizoiden locker im Schlamm verankert. Die meisten der in diesem Buch vorgestellten Unterwasserpflanzen gehören zu den wurzelnden, z.B. alle Armleuchtergewächse, Brachsenkraut, Hornblatt, Nixkraut, Grundnessel). Zur zweiten Untergruppe zählen die **Überwasserblüher** (Emergentophyten), welche zwar unter der Wasseroberfläche assimilieren, deren Blüten jedoch über die Wasseroberfläche hinausragen. Sie kommen teils als Wasserschweber vor (Sternlebermoos, Dreifurchige Wasserlinse, Wasserschlauch, Wasserfalle), teils als Bodenwurzler. Zu letzteren gehören zahlreiche Laichkraut-Arten, die schwimmblattlosen Wasser-Hahnenfüße, Tausendblatt, Wasserprimel und einige kleine Wasserschlauch-Arten. Einige von ihnen können bei sommerlicher Austrocknung zeitweise Landformen ausbilden.

Die **Schwimmpflanzen** (Natantophyten) assimilieren ganz oder zum größten Teil an der Wasseroberfläche, wo sie auch blühen. Sie überwintern am oder im Gewässergrund. Bei ihnen lassen sich frei im Wasser treibende (errante) Wasserschwimmer und wurzelnde (radikante) Schwimmblattpflanzen unterscheiden. Zu den Wasserschwimmern zählen Schwimmlebermoos, Algenfarn, Schwimmfarn, die meisten Wasserlinsen, Froschbiß und Krebsschere. Zu den wurzelnden Schwimmblattplanzen gehören Froschkraut, verschiedene Laichkraut-Arten, See- und Teichrosen, Seekanne, einige Wasserhahnenfuß-Arten, Zwerg-Igelkolben und Wassernuß. Manche von ihnen können ein zeitweiliges Trockenfallen des Gewässers durch Ausbildung von Landformen überbrücken.

Bei den **Sumpfpflanzen** (Helophyten) kann man vier Gruppen von Lebens- und Wuchsformen unterscheiden.

Die **Röhrichtpflanzen** (Arundophyten) können an Gewässerufern bis in das Sublitoral vordringen, d.h. bis in etwa 1,5 m Wassertiefe. Längere Austrocknung wird von den einzelnen Arten unterschiedlich gut vertragen. Durch ihre kräftigen Rhizome sind die Röhrichtpflanzen in der Lage, dichte Dominanzbestände zu bilden. Hierzu gehören u.a. Schilf, See-Simse, Rohrkolben, Kalmus, Igelkolben, Wasser-Schwaden und Rohrglanzgras. Einige Arten können Unterwasserformen ausbilden.

Die **Seichtwasserpflanzen** (Tenagophyten) erreichen ihr Optimum im flachen Wasser und sind sehr gut an Wasserstandsschwankungen angepaßt. Viele Arten bilden je nach Wassertiefe Unterwasser-, Schwimmblatt-, Seichtwasser- und Landformen aus, wie z.B. das Pfeilkraut. Zu dieser Gruppe gehören außerdem Froschlöffel, viele Seggen-Arten, Sumpfsimsen, Tannenwedel, Brunnenkresse, Einfacher Igelkolben, Wasser-Ehrenpreis u.a.

Bei den **Naßbodenpflanzen** (Limosophyten) liegt das Optimum ihrer Entwicklung im Bereich des langfristig wassergesättigten Substrats. Überflutungsphasen im Winter werden mit unterirdischen Teilen oder als Samen überdauert. Die Fortpflanzung beginnt in der limosen Phase und wird in der terrestrischen Phase beendet. Hierhin gehören nicht nur die meisten Teichbodenpflanzen (s. Seite 276), sondern auch zahlreiche weitere Sumpfpflanzen des Uferbereichs.

Die **Feuchtbodenpflanzen** (Uligophyten) leiten bereits zu den eigentlichen Landpflanzen über, benötigen aber feuchten (wechselfeuchten) Boden und können Überflutungen ertragen. Sie blühen und fruchten in der terrestrischen Phase. Zu dieser Gruppe zählen viele Arten von Überschwemmungswiesen, wie z.B. die Fuchs-Segge, aber auch die meisten Komponenten der uferbegleitenden Hochstaudenfluren, wie Sumpf-Wolfsmilch, Baldrian, Wasserdost, Stauden-Astern und Topinambur.

Florenelemente

Da den Wasser- und Uferpflanzen das Wasser, das in der terrestrischen Vegetation oftmals zum begrenzenden Faktor wird, stets reichlich zur Verfügung steht, weisen viele Wasser- und Sumpfpflanzen eine weite Verbreitung auf. Manche von ihnen sind fast weltweit verbreitet (Kosmopoliten), andere haben ausgedehnte Areale über die ganze nördliche Erdhalbkugel (circumpolar, holarktisch), den eurasiatischen Raum oder große Teile Europas.

Eine große Bedeutung für die Verbreitung vieler Wasser- und Uferpflanzen haben die Wärmeverhältnisse. Manche Arten sind empfindlich gegen langanhaltende niedrige Wassertemperaturen oder, vor allem wintergrüne Wasserpflanzen, gegen eine längere und tiefreichende Vereisung des Gewässers. Derartige Pflanzen sind mehr oder weniger stark an die Küstengebiete mit gemäßigten Wintertemperaturen und seltenen, nur geringfügigen oder gänzlich ausbleibenden Gewässervereisungen gebunden, in Europa vor allem an die Küstengebiete des Atlantik und den Mittelmeerraum (ozeanische bzw. atlantische, subatlantische, mediterranatlantische und submediterran-subatlantische Arten). Viele von ihnen erreichen in Mitteleuropa ihre östliche Verbreitungsgrenze, so z.B. Efeublättriger und Reinweißer Hahnenfuß, Knöterich-Laichkraut, Gefärbtes Laichkraut, Froschkraut, Igelschlauch, Flutsimse, Pillenfarn, Sumpf-Johanniskraut und Heusenkraut.

Einige Arten benötigen höhere Sommerwärme. Sie sind in Mitteleuropa an sommerwarme Gebiete gebunden und treten in den übrigen Gebieten (insbesondere in den kühleren Bergländern) zurück oder fehlen dort völlig. Hierzu gehören. z.B. Schwimmfarn, Wassernuß und Seekanne. Verschiedene sommerwärmeliebende Arten sind in ihrer mitteleuropäischen Verbreitung eng an die großen Stromtäler gebunden und werden deshalb als „Stromtalpflanzen" bezeichnet, so z.B. Sumpf-Wolfsmilch, Sumpf-Platterbse, Knorpel-Schafgarbe und Sumpf-Gänsedistel. Wasser- und Uferpflanzen mit noch höheren Wärmeansprüchen, wie sie in den subtropischen und tropischen Regionen der Erde verbreitet sind, können in Mitteleuropa nicht oder nicht auf Dauer existieren. Solche Arten kommen im mitteleuropäischen Raum lediglich in ständig warmen Thermalgewässern oder hier und da in solchen Gewässern vor, welche durch Einleitung von Kraftwerks-Kühlwässern aufgeheizt werden. Ihre Vorkommen in Mitteleuropa gehen zumeist auf Anpflanzungen, Ansalbungen oder Einschleppung zurück. Hierzu zählen u.a. Rote Seerose, Pfriemliches Pfeilkraut und die Wasserschraube (*Vallisneria spiralis*). Einige Wasserpflanzen wärmerer Gebiete werden durch Zugvögel mitgebracht. Einige von ihnen, z.B. Wasserfalle, Zwerglinse und Kleines Nixkraut, können sich an günstigen Stellen in Mitteleuropa mitunter über Jahre hinweg halten und auch ausbreiten, gehen dann aber in Perioden kühler Sommer und kalter Winter meist wieder zurück bzw. verschwinden gänzlich.

Andere Arten wiederum bevorzugen kühlere Gewässer. Sie haben ihre Hauptentfaltung in der nördlichen Nadelwaldzone und kommen in Mitteleuropa meist nur in und an Moor- und Heidegewässern oder in Gebirgsseen vor. Manche von ihnen sind an die meeresnahen Gebiete gebunden (nordisch-subozeanisch) und verhalten sich in Mitteleuropa daher wie atlantische Arten, z.B. Wechselblütiges Tausendblatt, Wasser-Lobelie und

Strandling. Andere Arten haben ihren Verbreitungsschwerpunkt in den meeresfernen Bereichen des Nadelwaldgürtels (nordisch-kontinentale Arten), wie Schneeweiße Seerose und Sumpf-Kalla. Zu den nordischen Arten zählen auch viele Uferpflanzen der Moorgewässer, wie Schnabelsimse, Schnabel-Segge, Schlamm-Segge, Faden-Segge, Blasenbinse, Fieberklee und Strauß-Gilbweiderich.

Auch unter den Wasser- und Uferpflanzen gibt es eine Reihe von Neophyten, d.h. Arten, die erst seit Beginn der Neuzeit nach Mitteleuropa gekommen sind und sich hier z.T. bereits fest eingebürgert haben (Agriophyten). Fast alle verdanken ihre Einwanderung dem Zutun des Menschen, der sie als Zier-, Nutz- oder Arzneipflanze in seine Gärten oder als Aquarienpflanze in seine Häuser gebracht, teilweise aber auch unbeabsichtigt eingeschleppt hat. Die meisten von ihnen kamen aus den gemäßigten Zonen Nordamerikas, einige jedoch auch aus Ost- bzw. Südostasien, dem Himalaya-Gebiet, Australien und Süd-Afrika. In Mitteleuropa haben sie, hauptsächlich aufgrund ihrer Wärmeansprüche, unterschiedliche Verbreitung. Einige beschränken sich auf sich sommerlich stärker erwärmende Gewässer, wie Algenfarn und Wassergirlande, andere sind an wintermilde Gebiete gebunden, wie Nuttalls Wasserpest, weitere an kühlere Standorte, wie Verschiedenfarbige Schwertlilie und Moor-Johanniskraut. Manche jedoch haben sich in Mitteleuropa weithin ausgebreitet und dabei oftmals alteingesessene Arten verdrängt: Kanadische Wasserpest, Kalmus, Schwarzfrüchtiger Zweizahn, Himalaya-Springkraut, Schlitzblättriger Sonnenhut und Topinambur. Einige Neophyten jüngeren Einwanderungsdatums befinden sich offenbar noch in der Ausbreitung, so Rote Wasserlinse, Verschiedenblättriges Tausendblatt und das Elbe-Liebesgras.

Bedeutung und Verwendung

Die makrophytischen Wasser- und Uferpflanzen spielen in den aquatischen Ökosystemen eine wichtige und nicht zu unterschätzende Rolle. Die von ihnen erzeugte Biomasse ist erheblich und stellt einen bedeutsamen Ausgangspunkt bei den Stoffkreisläufen im Gewässer dar. In sehr dichten Unterwasserbeständen kann die vorhandene Biomasse (standing crop) zum Zeitpunkt ihrer optimalen Entwicklung maximal über 1200 g/m^2 trockene Pflanzensubstanz betragen.

Der Anteil der Wasser- und Uferpflanzen im Stoffkreislauf eines Gewässers ist in flachen und kleineren Gewässern, wo der gesamte Grund von Wasser- und oft auch von Röhrichtpflanzen ausgefüllt wird, am höchsten. In tieferen Gewässern, in denen die Tiefenzonen von derartigen Pflanzen nicht mehr besiedelt werden können, ist der Anteil naturgemäß geringer. In tiefen Klarwasserseen kann die Unterwasservegetation

Dichte Bestände von Wasserpflanzen in Fließgewässern hemmen den Wasserabfluß.

indessen bis 20 m Wassertiefe vordringen und somit auch hier große Flächen überziehen. Oftmals recht gering ist die Biomasseproduktion in nährstoffarmen Gewässern, wie z.B. in Heideweihern.

Die Wasserpflanzen liefern Nahrung für zahlreiche Konsumenten aus den verschiedensten Tiergruppen. Zu erwähnen sind die pflanzenfressenden Wasservögel, welche auch wesentlich zur Verbreitung von Wasserpflanzen beitragen. Unter den heimischen Fischarten sind direkte Pflanzenfresser nicht vorhanden, wohl aber in Ostasien. Von dort hat man in jüngerer Zeit Graskarpfen, Silberkarpfen und einige andere Arten eingeführt mit dem Ziel, übermäßigen Pflanzenwuchs in Gewässern zu bekämpfen, was jedoch in mancher Hinsicht problematisch ist. Heimische Friedfische nutzen die Wasserpflanzen als Nahrungsquelle auf indirektem Wege, indem sie u.a. auch pflanzliche Abfälle (Detritus) fressen. Wasserpflanzenbestände stellen für viele Fischarten ferner Ablaichplätze und Aufwuchsgebiete für Jungfische, Aufenthaltsplätze und Verstecke dar. Nicht ohne Grund heißen die *Potamogeton*-Arten im Deutschen „Laichkräuter" und verschiedene Unterwasserpflanzen im Volksmund „Hechtkraut", „Schleikraut" oder „Brachsenkraut".

Die Biomasseproduktion der Wasser- und Uferpflanzen, die in

flachen nährstoffreichen Gewässern besonders hoch ist, trägt ganz wesentlich zur Verlandung der Gewässer bei. Durch die abgestorbene, in der Hauptsache von Wasser- und Uferpflanzen erzeugte Biomasse wird der Gewässerboden allmählich mehr und mehr aufgehöht, bis das Gewässer so flach geworden ist, daß auch Uferpflanzen zunehmend in das offene Wasser vordringen und die Verlandung beschleunigen. Schließlich ist an die Stelle des Gewässers ein Röhricht, ein Moor oder ein Bruchwald getreten. Eine große Zahl kleinerer und flacherer Gewässer ist seit der letzten Eiszeit durch derartige Verlandungsvorgänge bereits wieder vollständig als Wasserfläche verschwunden, andere sind in ihrem Areal erheblich geschrumpft. Um den Verlandungsvorgang aufzuhalten und flach gewordene Gewässer wieder zu vertiefen, greift man vor allem bei Gewässern, die innerhalb oder nahe bei Ortschaften liegen, zum teuren Mittel der Entschlammung. Auch in Fischteichen muß man der Verlandung oftmals durch „Entlandung", d.h. Aushub der angesammelten Sedimente und Zurückdrängung des Röhrichts, entgegenwirken. Unerwünscht ist eine übermäßig hohe Biomasseproduktion durch Wasser- und Uferpflanzen auch in den Fließgewässern und Entwässerungsgräben, weil dadurch der Wasserabfluß gehemmt und diese Gewässer durch den Abbau der pflanzlichen Substanz oft zusätzlich belastet werden. Es hat sich gezeigt, daß Biomassemengen über 250 g Trockensubstanz/m^2 ungünstig sind. Daher werden stärker bewachsene Fließgewässer und Gräben regelmäßig oder bei Bedarf entkrautet. Diese Krautungen bedeuten zwar eine zeitweise Dezimierung vieler Wasserpflanzen, doch erhöhen sich dadurch die Chancen für manche konkurrenzschwache seltene Arten, die sonst von wuchskräftigen Allerweltsarten verdrängt werden. Wasser- und Uferpflanzen spielen in Fließgewässern jedoch auch eine positive Rolle, indem sie durch ihre Assimilation große Mengen an Sauerstoff in das Gewässer eintragen, Schwebstoffe aus dem Wasser herausfiltern und ihm Nährstoffe entziehen, somit also zur Gewässerreinigung beitragen. Dieses Vermögen der Wasser- und Uferpflanzen macht man sich bei der biologischen Reinigung von Abwässern und von stark belasteten Fließgewässern zunutze, indem man derartige Wässer durch Becken laufen läßt, welche mit Wasser- und Röhrichtpflanzen besetzt sind, die dem Wasser einen großen Teil der Nähr- und Schadstoffe entziehen (Wissing 1995, s. Literaturverzeichnis).

In früheren Zeiten hat man hier und da Unterwasserpflanzen zur Düngung von Äckern genutzt, vor allem die kalkreichen Armleuchtergewächse, aber auch andere Arten, z.B. die Kanadische Wasserpest zur Zeit ihrer Massenentfaltung.

Die besondere Bedeutung der Uferpflanzen, vor allem der Röh-

Wasserlinsen werden als Entenfutter „geerntet".

richte, liegt in der Uferbefestigung und der Nutzung als Bruthabitat durch zahlreiche Wasser- und Ufervögel. Ehemals lieferte das Schilf (in geringem Umfang auch heute noch) das Material für die Dächer der Häuser (Rohr- bzw. Reetdächer). Auch verwendete man es für die Anfertigung von Rohrdecken für Bauzwecke und Sichtblenden. Die Böttcher benutzten die Blätter der Rohrkolben-Arten („Böttcherschilf") zum Abdichten der Fässer. Landwirtschaftlich spielten Röhrichte und Großseggen-Riede nur eine untergeordnete Rolle: sie lieferten meist nur Einstreu. Hingegen stellten die Bestände des Rohrglanzgrases früher ein geschätztes Pferdefutter dar. Als Futter für Enten und Gänse werden z.T. heute noch die Wasserlinsen verwendet (Entengrütze). Nur wenige Uferpflanzen können auch als Arzneipflanzen genutzt werden, z.B. Kalmus und Baldrian, doch ist eine Nutzung der Wildvorkommen heute kaum noch üblich. Der durch seinen Gehalt an Bitterstoffen ehemals als Heilpflanze geschätzte Fieber- oder Bitterklee findet Verwendung bei der Herstellung bitterer Kräuterliköre (z.B. Karlsbader Becher-Likör).

Schließlich ist auch die Schönheit mancher Wasser- und Uferpflanzen hervorzuheben. Blühende Seerosenfelder, aber auch mit Tausenden weißer Blüten der Wasser-Hahnenfüße bedeckte Flüsse und Gräben gehören zu den herrlichsten Eindrücken, die die heimische Natur zu bieten hat. So sind Seerosen und andere heimische und fremdländische Wasser- und Uferpflanzen beliebte Zierpflanzen für Gartenteiche und werden häufig von spezialisierten Wasserpflanzen-Gärtnereien herangezogen und verkauft. Viele Wasserpflanzen-Arten werden auch als Aquarienpflanzen verwendet. Andererseits sind mache der heute in und an den mitteleuropäischen Gewässern wachsenden Arten einst als Garten- oder Aquarienpflanzen ins Land gekommen und haben sich von dort aus einen Platz in der heimischen Wasser- und Ufervegetation erobert, wie z.B. Wasserpest, Verschiedenblättriges Tausendblatt, Verschiedenfarbige Schwertlilie,

Breitblättriges Pfeilkraut, Himalaya-Springkraut, Schlitzblättriger Sonnenhut und verschiedene Stauden-Astern.

Bioindikation

Die unterschiedlichen Standortansprüche der einzelnen Wasser- und Uferpflanzen können dazu genutzt werden, von dem Vorkommen, der Häufung und Verteilung dieser Arten auf den Zustand des Gewässers zu schließen (Bioindikation). Vor allem eignen sich Makrophyten zur Bioindikation des Nährstoffgehaltes (Trophie) von Gewässern.

Eine ganze Reihe von Wasserpflanzen ist an klare, nährstoffarme Gewässer gebunden. Manche von ihnen haben ihren Schwerpunkt in kalkreichen Gewässern, so die meisten heimischen Armleuchter-Gewächse, welche geradezu als Leitarten für kalk-oligotrophe und -mesotrophe Gewässer gelten. Ähnlich verhalten sich die allerdings nur selten vorkommenden Arten Faden-Laichkraut, Gefärbtes Laichkraut und Mittleres Nixkraut. Andere Arten beschränken sich auf kalkarme, nährstoffarme Gewässer, wie z.B. Wasser-Lobelie, Brachsenkräuter und Knollen-Binse. Es gibt aber auch Arten, die sowohl in kalkreichen als auch in kalkarmen nährstoffarmen Gewässern wachsen können, wie das Wechselblütige Tausendblatt und das Gras-Laichkraut.

Auf Moorgewässer beschränkt bleiben lediglich einige Wassermoos-Arten. Salzhaltige (brackische) Gewässer weisen spezifische Anzeiger für Salzgehalt auf, wie z.B. Brackwasser-Hahnenfuß und Meeresstrand-Simse, wozu noch salzverträgliche, normalerweise jedoch im Süßwasser wachsende Pflanzen kommen, wie etwa das Schilf.

Viele Wasserpflanzen haben größere Nährstoffansprüche, sie vermögen in einem nährstoffarmen Gewässer nicht mehr oder nur noch kümmerlich zu existieren. Die meisten dieser Arten besitzen ihr Wuchsoptimum im mäßig nährstoffreichen bis schwach nährstoffreichen Bereich. Es gibt aber auch Arten, welche erst in Gewässern mit einem recht hohen Nährstoffgehalt zur optimalen Entfaltung kommen, wie Hornblatt, Krauses Laichkraut und Bucklige Wasserlinse. Bei übermäßiger Belastung eines Gewässers mit Nährstoffen (Polytrophie) können jedoch nur noch wenige Unterwasserpflanzen mithalten, z.B. Ähriges Tausendblatt und Kamm-Laichkraut.

Freilich sind diese Arten nicht auf derartige polytrophe Gewässer beschränkt. Sie haben vielmehr eine weite Amplitude, die von nährstoffarmen kalkreichen Klarwasserseen über mäßig und schwach nährstoffreiche Gewässer bis hin zu stark nährstoffbelasteten Gewässern reicht. Auch Weiße Seerose und Gelbe Teichrose findet man sowohl in nährstoffarmen Gewässern, ja sogar in Moorgewässern, als auch in stärker belasteten

Seen. Bei zunehmender Nährstoffbelastung sind sie dort meist die letzten Wasserpflanzen.

Ähnliches gilt für die Uferpflanzen. Auch unter ihnen gibt es Arten, die für ganz bestimmte Gewässertypen charakteristisch sind. Kennzeichnend für nährstoffärmere Gewässer sind z.B. der Strandling und andere Arten der Strandling-Gesellschaften, aber auch Schnabel-Segge und Straußblütiger Gilbweiderich. Auf nährstoffarme bis mäßig nährstoffreiche, aber kalkreiche Standorte ist z.B. die Schneide beschränkt. Nur an den Rändern von Moorgewässern wachsen Blasenbinse, Weißes Schnabelried, Schlamm- und Draht-Segge. Die meisten Uferpflanzen benötigen dagegen Standorte mit guter bis sehr guter Nährstoffversorgung. Nur dort kommen sie zur optimalen Entfaltung. An nährstoffarmen Gewässern fehlen sie entweder ganz oder sind dort nur mit herabgesetzter Vitalität vertreten. Ausgesprochene Nährstoffzeiger sind u.a. Kalmus, Aufrechter Igelkolben, Wasser-Schwaden, Rohrglanzgras, Ufer-Ampfer, Wasser-Minze und Sumpf-Ziest sowie die Zweizahn- und Knöterich-Arten. Auf besonders stark belastete Gewässer weist die Reisquecke hin. Aber auch unter den Uferpflanzen gibt es Arten mit einer weiten Amplitude, wie z.B. das Schilf, welches auch an nährstoffarmen Gewässern wächst (wenn auch dort oft niedrig und lückig), seine üppigste Entfaltung aber an nährstoffreichen Gewässern aufweist.

Wenn man Wasser- und Uferpflanzen als Bioindikatoren benutzt, muß man sich daher immer die unterschiedlichen Amplituden der einzelnen Arten vor Augen halten und darf keineswegs schematisch vorgehen. Auch die Vergabe eines durch Ziffern ausgedrückten Zeigerwertes und die sich darauf gründende Errechnung von Indices für einzelne Gewässer muß stets die unterschiedliche Aussagekraft der einzelnen Arten berücksichtigen. Wird dies aber getan, so lassen sich anhand der vorhandenen Wasser- und Ufervegetation und ihrer unterschiedlichen Struktur und Zusammensetzung bereits recht genaue Aussagen über den Zustand eines Gewässers machen, insbesondere über seinen Nährstoffstatus.

Der Vorteil derartiger Beurteilungen liegt darin, daß hierzu zwar möglichst eingehende Begehungen bzw. Befahrungen und Durchmusterungen notwendig sind, jedoch keine langfristigen Messungen und wasserchemischen Untersuchungen. Ein geübter Beobachter vermag oft schon auf den ersten Blick zu erkennen, wie die Nährstoffverhältnisse eines Gewässers beschaffen sind und welches Ausmaß etwaige Belastungen haben. Anhand der Artenzusammensetzung der Wasser- und Ufervegetation lassen sich z.B. unterschiedlich stark belastete Abschnitte in einem Fließgewässer schnell und einfach erkennen und kartieren. Zumeist machen sich Veränderungen im Nährstoffstatus eines Gewässers schon recht bald auch durch Veränderungen in der Wasser- und Uferflora bemerkbar.

Das Auftreten und die Ausbreitung von Nährstoffzeigern und ein Rückgang bzw. das Verschwinden von nährstoffempfindlichen Arten signalisieren Beginn und Fortschreiten der Eutrophierung bzw. Polytrophierung eines Gewässers. Andererseits sind der Rückgang von Nährstoffzeigern und das Wiederauftreten von Indikator-Arten für nährstoffärmere Gewässer wichtige Beweise für den Erfolg von Sanierungsmaßnahmen. In größeren Gewässern lassen sich diese Vorgänge auch flächenhaft deutlich machen.

So sind also die Makrophyten der Gewässer und ihrer Ufer in ihrer Gesamtheit sehr brauchbare Indikatoren für den Zustand und speziell für den Nährstoffstatus der einzelnen Gewässer und dürfen bei entsprechenden Untersuchungen nicht außer Acht gelassen werden. Auch bei der Erstellung eines Seen-Katasters, wie es z.B. in Brandenburg in Angriff genommen wurde, finden die Wasser- und Uferpflanzen als Bioindikatoren eingehende Berücksichtigung.

Gefährdung und Schutz

Viele Wasser- und Uferpflanzen sind heute in ihrem Bestand gefährdet, manche von ihnen sogar akut vom Aussterben bedroht, einige in verschiedenen Gebieten bereits verschwunden. Die Ursachen hierfür sind mannigfacher

Betonplatten als Uferbefestigung nehmen Uferpflanzen den Lebensraum.

Art, liegen aber fast alle im Bereich anthropogener, d.h. durch den Menschen verursachter Einflüsse. Da sind einmal die mechanischen Einwirkungen. Seit Jahrhunderten, in gravierendem Umfang jedoch erst im Industriezeitalter, hat der Mensch in das Gewässersystem Mitteleuropas eingegriffen. Fließgewässer von den Quellen bis hin zu den Mündungen der großen Ströme wurden reguliert und begradigt, Nebenarme und Altwässer zugeschüttet, die Ufer auf weiten Strecken mit Betonmauern und Steinschüttungen befestigt. So wurde Wasser- und Uferpflanzen der Lebensraum genommen. Besonders stark waren (und sind!) diese Eingriffe bei den schiffbaren

Oben: Ausbaggerung und Entkrautung bringt viele Wasserpflanzen zum Verschwinden, begünstigt aber auch die Ansiedlung konkurrenzschwacher Arten.
Unten: Die Einleitung von Industrieabwässern vernichtet auf weite Strecken die Wasservegetation von Fließgewässern (Saale in Bernburg).

Gewässern, bei denen zusätzlich die Auswirkungen des Wasserstraßenverkehrs mit immer größeren und schnelleren Schiffen zu besonders ungünstigen Wuchsbedingungen für die Wasser- und Uferflora führen.

Aber auch die stehenden Gewässer blieben von derartigen mechanischen Einwirkungen nicht verschont. Zahlreiche Kleingewässer, insbesondere in Stadtlandschaften und in intensiv genutzten Agrarlandschaften, wurden verfüllt oder verloren infolge von Grundwasserabsenkungen ihr Wasser. Bei größeren stehenden Gewässern bedrängen Uferverbauung und Erholungsnutzung vor allem die Uferpflanzen. Der großflächige Braunkohlenabbau schließlich führt in den betroffenen Gebieten (Nieder- und Oberlausitz, Mitteldeutschland, Rheinland) zum Verschwinden bzw. zum Trockenfallen zahlreicher Gewässer und anderer Feuchtbiotope.

Andererseits entstehen durch bergbauliche Aktivitäten aber auch zahlreiche neue Gewässer, vom Tagebausee über den Kiesweiher bis hin zum Torfstich, welche meist sehr rasch wieder von Pflanzen besiedelt werden und oftmals auch konkurrenzschwachen Arten mit speziellen Standortsansprüchen Entfaltungsmöglichkeiten bieten. Es sollte daher darauf geachtet werden, daß derartige Masseentnahmestellen als Gewässer erhalten bleiben und nicht durch Zuschütten mit Abraum oder Müll wieder verloren gehen.

Entwässerungen und Meliorationen in Niederungsgebieten führen einerseits zur Zurückdrängung und Zerstörung von Röhrichten, Großseggen-Rieden und Mooren mit ihrer spezifischen Flora, andererseits aber auch zur Entstehung eines ausgedehnten Netzes von Entwässerungsgräben, welche trotz oder gerade wegen der periodischen Räumungen zahlreichen Wasser- und Uferpflanzen Siedlungsmöglichkeiten bieten.

Meist noch einschneidender als die mechanischen Eingriffe wirken sich die durch den Menschen verursachten Veränderungen des Wasserchemismus aus. Auch diese traten im wesentlichen erst im Industriezeitalter in Erscheinung, bedingt durch zunehmende Siedlungsdichte und Industrialisierung und durch die Verwendung von chemischen Reinigungsmitteln in den Haushaltungen und von Mineraldüngern in der Landwirtschaft. Zwar ist die Einleitung ausgesprochener Giftstoffe in die Gewässer aufgrund strenger gesetzlicher Bestimmungen in Deutschland selten geworden und fast nur noch auf Katastrophenfälle beschränkt, aber die Belastung mit Pflanzennährstoffen, wie Phosphor und Stickstoff vor allem aus Industrie, Haushaltungen und Landwirtschaft, hat ein enormes Ausmaß erreicht und den Großteil der mitteleuropäischen Gewässer erfaßt.

Die Nährstoffüberfrachtung der Gewässer führt hauptsächlich auf indirektem Wege zur Zurückdrängung der makrophytischen Was-

Schilfsterben: Der geschlossene Röhrichtgürtel löst sich zunächst in einzelne Schilfhorste auf.

serpflanzen. Das überreichliche Nährstoffangebot bedingt eine Massenentwicklung der frei im Wasser schwebenden Algen (Phytoplankton) und der auf den Wasserpflanzen selbst (und auch auf anderen Unterlagen im Wasser) aufsitzenden Algen (Periphyton). Die so hervorgerufene Wassertrübung und die Verdichtung der pflanzlichen Überzüge aber vermindert die lebensnotwendige Zufuhr von Lichtenergie in einem solchen Maße, daß das Wachstum der Unterwasserpflanzen mehr und mehr gedrosselt wird und schließlich ganz zum Erliegen kommt. Besonders betroffen sind dabei die nährstoffarmen (oligotrophen) und die nur mäßig nährstoffreichen (mesotrophen) Gewässer, deren Vegetation von besonders empfindlichen und konkurrenzschwachen Arten geprägt wird. Diese fallen mitunter schon der Verdrängung durch sich nunmehr einfindende und sich kräftig ausbreitende nährstoffliebende robuste Pflanzen zum Opfer. Einzelne Arten, wie z.B. das Gefärbte Laichkraut, werden durch Abwässer und deren Zersetzungsprodukte (Ammonium) aber auch direkt geschädigt.

Die in stark belasteten Seen im Uferbereich zusammengeschwemmten Massen abgestorbener Algen wirken sich bei ihrer Zersetzung infolge Sauerstoffzehrung und Entwicklung von Giftstoffen ungünstig auf die Ufervegetation aus. Es kommt zum Rückgang des Schilfgürtels (Schilfsterben) und zum Verschwinden weiterer Uferpflanzen, an deren Stelle nunmehr stickstoffverträgliche Arten wie z.B. die Große Brennessel treten. Auch die mechanischen Beschädigungen der Röhrichtpflanzen durch Baden, Betreten, Befahren und starken Wellenschlag von Booten und Schiffen führen durch Abknicken der Halme und die dadurch verursachte Unterbindung der Sauerstoffversorgung der unterirdischen Pflanzenteile zum Absterben des Röhrichtgürtels.

Der Schutz gefährdeter und bedrohter Wasserpflanzen muß vom Schutz der Gewässer ausgehen. Es gilt, die Nährstoffzufuhren in die Gewässer zu verhindern bzw. zu vermindern, z.B. durch verbesserte Abwasserreinigungen, den Bau von Ringleitungen, Anlage von Schutzgürteln aus Gehölzen und Reduzierung der Düngermengen auf landwirtschaftlichen Nutzflächen im Einzugsgebiet. Entschlammungsmaßnahmen tragen mit dazu bei, die in den Sedimenten bereits deponierten Nährstoffmengen wieder aus dem See-Ökosystem zu entfernen. Bei besonders gefährdeten Seen wird man besonders strenge Schutzmaßnahmen ergreifen müssen, um sie in ihrem gegenwärtigen Status erhalten zu können.

Daß Sanierungsmaßnahmen durchaus wirkungsvoll sind, läßt sich anhand einer ganzen Reihe von Beispielen belegen. In Gewässern, welche durch übermäßigen Nährstoffeintrag ihre makrophytische Wasservegetation ganz oder größtenteils verloren hatten, breiteten sich nach weitgehender Unterbindung der Nährstoffzufuhren oft überraschend schnell wieder Wasserpflanzen aus, darunter selbst anspruchsvolle Arten wie die Armleuchtergewächse.

Die Pflanzengesellschaften der mitteleuropäischen Gewässer

Im folgenden wird ein tabellarischer Überblick über die wichtigsten Pflanzengesellschaften und die höheren Vegetationseinheiten der mitteleuropäischen Wasser- und Ufervegetation gegeben. Diese Übersicht ist insofern vereinfacht, als im allgemeinen nur die im Text genannten Pflanzengesellschaften aufgeführt werden, auch wird auf die Nennung von Autoren verzichtet. Diese und weitere Einzelheiten zu den einzelnen Pflanzengesellschaften findet man in der vegetationskundlichen Fachliteratur (s. Literaturverzeichnis). Es sei ausdrücklich darauf aufmerksam gemacht, daß es hinsichtlich der Abgrenzung und Bewertung der einzelnen Vergesellschaftungen bei den verschiedenen Autoren unterschiedliche Auffassungen gibt.

Die wichtigsten Wasser- und Uferpflanzen-Gesellschaften mitteleuropäischer Binnengewässer

1. Gesellschaften der Armleuchter-Gewächse (*Charetea fragilis*)
   Gesellschaften nährstoffarmer kalkreicher Gewässer (*Charetalia hispidae*)
   Ausdauernde Gesellschaften kalkreicher, oligo- bis mesotropher Gewässer (*Charion asperae*)
   Gesellschaft der Rauhen Armleuchteralge (*Charetum hispidae*)
   Gesellschaft der Filzigen Armleuchteralge (*Charetum tomentosae*)
   Gesellschaft der Faden-Armleuchteralge (*Charetum filiformis*)
   Gesellschaft der Stern-Armleuchteralge (*Nitellopsidetum obtusae*)
2. Laichkraut- und Schwimmblatt-Gesellschaften (*Potametea pectinati, Potametalia pectinati*)
   Laichkraut-Gesellschaften (*Potamion pectinati*)
   Glanz-Laichkraut-Gesellschaft (*Potametum lucentis*)
   Gras-Laichkraut-Gesellschaft (*Potametum graminei*)
   Faden-Laichkraut-Gesellschaft (*Potametum filiformis*)
   Gesellschaft des Gefärbten Laichkrauts (*Potametum colorati*)
   Gesellschaft des Großen Nixkrauts (*Najadetum marinae*)
   Gesellschaft des Mittleren Nixkrauts (*Najadetum intermediae*)
   Außerdem Dominanzbestände (Gesellschaften) von Alpen-Laichkraut, Stumpfblättrigem Laichkraut, Krausem Laichkraut, Berchtolds Laichkraut, Kanadischer Wasserpest, Hornblatt, Spreizendem Hahnenfuß u.a. Arten

Seerosen-Schwimmblatt-Gesellschaften (*Nymphaeion albae*)
Tausendblatt-Seerosen-Gesellschaft (*Myriophyllo-Nupharetum*)
Gesellschaft der Schneeweißen Seerose (*Nymphaeetum candidae*)
Zwerg-Teichrosen-Gesellschaft (*Nupharetum pumilae*)
Seekannen-Gesellschaft (*Nymphoidetum peltatae*)
Wassernuß-Gesellschaft (*Trapetum natantis*)
Wasser-Knöterich-Gesellschaft (*Potameto-Polygonetum natantis*)
Wasserhahnenfuß-Gesellschaft (*Ranunculion aquatilis*)
Wasserfeder-Gesellschaft (*Hottonietum palustris*)
Schild-Hahnenfuß-Gesellschaft (*Ranunculetum peltati*)
Brackwasser-Hahnenfuß-Gesellschaft (*Ranunculetum baudotii*)
Flut-Hahnenfuß-Gesellschaften (*Ranunculion fluitantis*)
Flut-Hahnenfuß-Gesellschaft (*Ranunculetum fluitantis*)
Pinsel-Hahnenfuß-Gesellschaft (*Callitricho-Ranunculetum penicillati*)
Hahnenfuß-Flut-Merk-Gesellschaft (*Ranunculo-Sietum submersi*)
Hakenwasserstern-Tausendblatt-Gesellschaft (*Callitricho hamulatae-Myriophylletum alterniflori*)
Bachbungen-Teichwasserstern-Gesellschaft (*Veronico beccabungae-Callitrichetum stagnalis*)
Gesellschaft des Nußfrüchtigen Wassersterns (*Callitrichetum obtusangulae*)
Außerdem Dominanzbestände verschiedener Arten, insbesondere solcher von der Fließwasserform des Einfachen Igelkolbens

3. Quellflur-Gesellschaften (*Montio-Cardaminetea*)
Gesellschaften der Quellstellen und Quellbäche (*Montio-Cardaminetalia*)
Quellfluren des Silikat-Berglandes (*Cardamino-Montion*)
Quellkraut-Gesellschaft (*Philonotido-Montietum rivularis*)
Bitterschaumkraut-Flur (*Cardamine amara-Gesellschaft*)
Waldquell-Gesellschaften (*Cardamino-Chrysosplenietalia*)
Winkel-Seggen-Gesellschaften (*Caricion remotae*)
Gesellschaft des Efeublättrigen Hahnenfußes (*Ranunculetum hederacei*)

4. Wasserlinsen- und Froschbiß-Gesellschaften (*Lemnetea minoris, Lemnetalia minoris*)
Wasser-Lebermoos-Wasserlinsen-Gesellschaften (*Riccio-Lemnion trisulcae*)
Gesellschaft der Dreifurchigen Wasserlinse (*Lemnetum trisulcae*)
Gesellschaft des Flut-Lebermooses (*Riccietum fluitantis*)
Gesellschaft des Schwimm-Lebermooses (*Ricciocarpetum natantis*)
Wasserlinsen-Decken (*Lemnion gibbae*)
Teichlinsen-Gesellschaft (*Spirodeletum polyrhizae*)
Buckellinsen-Gesellschaft (*Lemnetum gibbae*)
Außerdem Dominanzbestände der Kleinen Wasserlinse
Schwimmfarn-Gesellschaften (*Lemno minoris-Salvinion natantis*)

Schwimmfarn-Gesellschaft (*Lemno minoris-Salvinietum natantis*)
Außerdem Dominanzbestände des Algenfarns (*Azolla filiculoides*-Gesellschaft)
Froschbiß-Gesellschaften (*Hydrocharition morsus-ranae*)
Krebsscheren-Gesellschaft (*Stratiotetum aloidis*)
Froschbiß-Gesellschaft (*Hydrocharitetum morsus-ranae*)
Gesellschaft des Gewöhnlichen Wasserschlauchs (*Utricularietum vulgaris*)
Gesellschaft des Südlichen Wasserschlauchs (*Utricularietum australis*)

5. Kleinwasserschlauch-Gesellschaften (*Utricularietea/Utricularietalia intermediae-minoris*)
   Torfmoos-Kleinwasserschlauch-Gesellschaften (*Sphagno-Utricularion*)
   Torfmoos-Kleinwasserschlauch-Gesellschaft (*Sphagno-Utricularietum minoris*)
   Skorpionsmoos-Kleinwasserschlauch-Gesellschaften (*Scorpidio-Utricularion*)
   Gesellschaft des Mittleren Wasserschlauchs (*Utricularietum intermediae*)
   Zwerg-Igelkolben-Gesellschaft (*Sparganietum minimi*)
6. Strandlings-Gesellschaften (*Littorelletea/Littorelletalia uniflorae*)
   Brachsenkraut-Gesellschaften (*Isoetion lacustris*)
   Brachsenkraut-Lobelien-Gesellschaft (*Isoeto-Lobelietum*)
   Wassernabel-Igelschlauch-Gesellschaften (*Hydrocotylo-Baldellion*)
   Pillenfarn-Gesellschaft (*Pilularietum globuliferae*)
   Gesellschaft der Vielstengligen Sumpfsimse (*Eleocharitetum multicaulis*)
   Gesellschaft des Reinweißen Hahnenfußes (*Ranunculetum ololeuci*)
   Gesellschaft der Flutsimse (*Scirpetum (Isolepidetum) fluitantis*)
   Gesellschaft der Flutenden Sellerie (*Apium inundatum*-Ges.)
   Nadelsimsen-Gesellschaften (*Eleocharition acicularis*)
   Strandling-Nadelsimsen-Gesellschaft (*Littorello-Eleocharitetum acicularis*)
   Strandschmielen-Gesellschaften (*Deschampsion litoralis*)
   Bodensee-Strandschmielen-Gesellschaft (*Deschampsietum rhenanae*)
7. Zwergbinsen-Gesellschaften (*Isoeto-Nanojuncetea, Nanocyperetalia*)
   Teichboden-Gesellschaften (*Elatino-Eleocharition ovatae*)
   Zypergras-Segge-Gesellschaft (*Eleocharito ovatae-Caricetum bohemicae*)
   Schlammling-Gesellschaft (*Cyperi fusci-Limoselletum aquaticae*)
   Sandbinsen-Gesellschaft (*Elatino alsinastri-Juncetum tenageiae*)
   Zwergflachs-Gesellschaften (*Radiolion linoidis*)
   Knorpelkraut-Gesellschaft (*Spergulario-Illecebretum verticillati*)
8. Zweizahn-Gesellschaften (*Bidentea/Bidentalia tripartitae*)
   Zweizahn-Gesellschaften (*Bidention tripartitae*)
   Zweizahn-Wasserpfeffer-Gesellschaft (*Polygono hydropiperis-Bidentetum*)
   Gifthahnenfuß-Gesellschaft (*Ranunculetum scelerati*)
   Moor-Greiskraut-Gesellschaft (*Senecionetum tubicaulis*)

Strand-Ampfer-Gesellschaft (*Rumicetum maritimi*)
Rotfuchsschwanz-Rasen (*Alopecuretum aequalis*)
Fluß-Melden-Fluren (*Chenopodion rubri*)
Spitzkletten-Gesellschaft (*Xanthio albini-Chenopodietum rubri*)
Hirschsprung-Gesellschaft (*Chenopodio polyspermi-Corrigioletum litoralis*)

9. Röhrichte und Großseggen-Gesellschaften (*Phragmitetea australis*)
Röhrichte und Großseggen-Gesellschaften stehender Gewässer (*Phragmitetalia australis*)
Süßwasser-Röhrichte (*Phragmition australis*)
Schilf-Röhricht (*Scirpo-Phragmitetum*)
Schneiden-Röhricht (*Cladietum marisci*)
Wasserschwaden-Röhricht (*Glycerietum maximae*)
Igelkolben-Röhricht (*Sparganietum erecti*)
Wasserfenchel-Kresse-Sumpf (*Oenantho-Rorippetum amphibiae*)
Kalmus-Röhricht (*Acoretum calami*)
Schwanenbinsen-Röhricht (*Butometum umbellati*)
Tannenwedel-Gesellschaft (*Hippuridetum vulgaris*)
Pfeilkraut-Röhricht (*Sagittario-Sparganietum emersi*)
Sumpfsimsen-Röhricht (*Eleocharitetum palustris*)
Brackwasser-Röhrichte (*Bolboschoenion maritimi*)
Meerstrands-Simsen-Röhricht (*Bolboschoenetum maritimi*)
Großseggen-Riede (*Caricion elatae*)
Steifseggen-Ried (*Caricetum elatae*)
Rispenseggen-Ried (*Caricetum paniculatae*)
Wunderseggen-Ried (*Caricetum appropinquatae*)
Schnabelseggen-Ried (*Caricetum rostratae*)
Blasenseggen-Ried (*Caricetum vesicariae*)
Schlankseggen-Ried (*Caricetum gracilis*)
Uferseggen-Ried (*Caricetum ripariae*)
Wasserschierling-Ried (*Cicuto-Caricetum pseudocyperi*)
Fuchsseggen-Ried (*Caricetum vulpinae*)
Bach- und Flußröhrichte (*Nasturtio-Glycerietalia*)
Bach-Röhrichte (*Glycerio-Sparganion*)
Flutschwaden-Röhricht (*Sparganio-Glycerietum fluitantis*)
Grüne Brunnenkresse-Gesellschaft (*Nasturtietum officinalis*)
Braune Brunnenkresse-Gesellschaft (*Nasturtietum microphylli*)
Reisquecken-Röhricht (*Leersietum oryzoidis*)
Fluß-Röhrichte (*Phalaridion arundinaceae*)
Rohrglanzgras-Röhricht des Berglandes (*Rorippo-Phalaridetum*)
Rohrglanzgras-Röhricht des Flachlandes (*Lathyro-Phalaridetum*)

10. Flach- und Zwischenmoor-Gesellschaften (*Scheuchzerio-Caricetea nigrae*)
    Moorschlenken-Gesellschaften (*Scheuchzerietalia palustris*)
    Schnabelried-Schlenken (*Rhynchosporion albae*)
    Schlamm-Seggen-Blasenbinsen-Gesellschaft (*Caricetum limosae*)
    Gesellschaft des Weißen Schnabelrieds (*Rhynchosporetum albae*)
    Faden-Seggen-Gesellschaften (*Caricion lasiocarpae*)
    Fadenseggen-Schwingrasen (*Caricetum lasiocarpae*)
11. Hochstaudenfluren
    a) aus der Klasse der Wiesen-Gesellschaften (*Molinio-Arrhenatheretea, Molinietalia*)
    Mädesüß-Fluren (*Filipendulion ulmariae*)
    Baldrian-Mädesüß-Flur (*Valeriano-Filipenduletum ulmariae*)
    Sumpfstorchschnabel-Mädesüß-Flur (*Filipendulo-Geranietum palustris*)
    Rasen-Seggen-Flur (*Caricetum cespitosae*)
    Gesellschaft des Langblättrigen Ehrenpreises (*Veronico longifoliae-Scutellarietum hastifoliae*)
    b) aus der Klasse der nitrophilen Staudenfluren (*Galio-Urticetea*)
    Uferstauden- und Saumgesellschaften nasser Standorte (*Convolvuletalia/Convolvulion sepium*)
    Fluß-Greiskraut-Gesellschaft (*Senecionetum fluviatilis*)
    Weidenröschen-Gesellschaft (*Convolvulo-Epilobietum hirsuti*)
    Wasserdost-Flur (*Convolvulo-Eupatorietum cannabini*)
    Hierzu auch die Dominanzbestände von Topinambur, Himalaya-Springkraut und Schlitzblättrigem Sonnenhut.

Gewässertypen Mitteleuropas

Es ist nicht Aufgabe dieses Buches, die Gewässertypen Mitteleuropas im einzelnen darzustellen, hierzu muß auf die vorliegende Spezialliteratur verwiesen werden. Die vielfache Verwendung von Begriffen der Gewässertypologie im speziellen Teil erfordert jedoch einen kurzen Überblick über die wichtigsten Typen der mitteleuropäischen Gewässer, ihre Kennzeichen und ihre Entstehung.

Stehende Gewässer (Stillgewässer)

See: tiefer als 5 m, stabile sommerliche Schichtung, Vorhandensein einer makrophytenfreien Tiefenregion, Fische.

Weiher (Flachsee): Tiefe bis 5 m, keine oder nur labile sommerliche Schichtung, submerse Makrophyten können den gesamten Grund besiedeln, Fische (Anmerkung: Da der Ausdruck Weiher (aus lat. vivarium = Tierbehälter, Fischteich) im süddeutschen Raum ausschließlich für Teiche benutzt wird, stößt die Verwendung des von den Limnologen auf die „Seen ohne Tiefe" übertragenen Ausdrucks Weiher dort auf Widerspruch).

Tümpel: flache und meist kleine Gewässer bis etwa 1 m Wassertiefe; oftmals starke Wasserstandsschwankungen und mitunter zeitweiliges Trockenfallen; Uferpflanzen können den gesamten Grund besiedeln. Keine Fische, aber kiemenatmende Mollusken.

Altwasser an der Elbe bei Lenzen.

Durch Gletschereis entstandener Karsee (Schneegrube im Riesengebirge).

Oben: Vulkanogene Gewässer sind in Mitteleuropa selten (Pulvermaar/Eifel).
Unten: Zu den vielen anthropogenen Gewässern gehören auch die Steinbruchseen (Rübeland/Harz).

Lache: sehr flache, nur zeitweise vorhandene Wasseransammlungen mit stündlichen Umschichtungen; keine submersen Makrophyten, lediglich Sumpfpflanzen oder Nässezeiger; keine kiemenatmenden Mollusken.
Eine weitere Untergliederung dieser Grundtypen ergibt sich aufgrund ihrer Entstehungsweise:
Glazigen: durch die formende Kraft des Inlandeises und seiner Schmelzwässer sowie durch Austauvorgänge: Glazialseen (im Flachland und im Gebirgs-Vorland Rinnen-, Zungenbecken-, Eisrest-, Staubecken- und Grundmoränenseen, Thermokarstseen, im Gebirge Karseen und Gletscherseen), Glazialweiher, Moränentümpel (Pfühle, Sölle), Hochgebirgs- und Schmelzwassertümpel, Ackerlachen in Senken der Moränenlandschaft, Sammelwasserlachen.
Tektogen: durch Krustenbewegungen der Erdrinde (Hebung, Faltung, Senkung): Grabenseen, Bruchseen, Muldenseen.
Vulkanogen: durch vulkanische Vorgänge: Vulkanseen (Caldera-Seen, Maare), Vulkanweiher (Määrchen).
Halogen: durch Salzauslaugung im Untergrund, z.T. brackwasserführend: Erdfallseen, Salzstockseen, Erdfallweiher, Erdfalltümpel.
Subrosiogen: durch Gesteinsauflösung und Verkarstungsvorgänge, oft starke Wasserstandsschwan-

Bereits im Mittelalter entstanden für Verteidigungszwecke die Stadtgräben (Luckau/Niederlausitz).

kungen, meist stark kalkhaltig, Sinterbildungen: Karstseen, Subrosionsseen, Höhlenseen, Karstweiler (Dolinen), Karsttümpel (Poljen), Karstlachen.

Fluviogen: durch Ausschurf, Ausschwemmung und Überschwemmungen von Fließgewässern: Altwässerseen und -weiher, Deltaseen (an Flußmündungen), Überschwemmungstümpel (Kolke), Quelltümpel, Überschwemmungslachen (Flutmulden).

Palugen: durch Moorbildungsvorgänge, oft mit gelösten Moorsäuren und Huminstoffen, Wasser bräunlich, kalkfrei, keine Mollusken, wenig Fische: Hochmoorseen, Moorweiher (Mooraugen), Moorblänken, Moorkolke, Schlenken.

Marinogen (Thalassogen): durch Einwirkung des Meeres an der Küste, vielfach brackwasserführend: Strandseen, Haffseen, Bodden, Noore, Marschrandseen, Küstenweiher, Lagunen, Sturmflutkolke (Wehlen), Küstentümpel und -lachen.

Anthropogen: durch menschliche Tätigkeiten, und zwar durch Ausschürfungen: Grubenseen, -weiher, -tümpel und -lachen (in Braunkohlen-, Kies-, Sand-, Lehm- und Tongruben, in Steinbrüchen, indirekt in Bergsenkungsgebieten), Torfstiche u.a. Ausstiche, Badeweiher, Parkweiher, Gartenteiche, Schwimmbecken, Löschwasserteiche, Fahrspuren; oder durch Anstau von Fließgewässern: Stauseen (Talsperren, Rückhaltebecken), Stauweiher (z.B. an Mühlen) bzw. durch Wassereinleitung in spezielle Anlagen:

Entwässerungsgräben bieten Wasser- und Uferpflanzen gute Entwicklungsmöglichkeiten.

Fischteiche, Speicherbecken, Rieselfelder.

Fließende Gewässer (Fließgewässer)

Natürliche Fließgewässer

Die meisten von der Natur geschaffenen Fließgewässer Mitteleuropas sind heute mehr oder weniger stark vom Menschen verändert, wirklich unberührte Fließgewässer sind selten bzw. nur noch abschnittsweise vorhanden.

Quellen: (Grund-) Wasseraustritte mit dauerndem oder länger anhaltendem Wasserabfluß: Sumpf- oder Sickerquellen (Helokrenen), Sturzquellen (Rheokrenen) mit rasch abfließendem Quellwasser, Tümpelquellen (Limnokrenen), hochalpine Quellen aus vegetationsarmen Blockschutthalden (Kryokrenen). Spezialfälle: Thermalquellen, Salzquellen.

Bäche: kleinere und schmalere Fließgewässer bis 5 m Breite: Gletscherbäche, Quellbäche, Gebirgsbäche, Hügellandbäche, Flachlandbäche.

Flüsse: größere und breitere Fließgewässer ab 5 m Breite, je nach ihrer Breite zu untergliedern in kleine, mittlere und große Flüsse und Ströme, nach der geographischen Situation in Hochgebirgs-, Mittelgebirgs-, Hügelland-, Tiefland- und Küstenflüsse.

Künstliche Fließgewässer

Durch menschliche Aktivitäten völlig neu entstanden bzw. an die Stelle natürlicher Fließgewässer getreten und deren Wasserführung aufnehmend; Ufer oftmals befestigt.

Quellgräben: sehr schmale Entwässerungsgräben in Quellgebieten, mit unterirdischem Quellwasserzufluß, Drainagen.

Gräben: schmalere künstliche Fließgewässer bis 5 m Breite: Ent- und Bewässerungsgräben, Zu- und Abflußgräben bei Fischteichen, Mühlen, Bergwerken, Fabriken, Kraftwerken, für Verteidigungszwecke (Landwehren, Stadt- und Burggräben, Festungsgräben), Floßgräben u.a. Mitunter Stagnation und dann Übergänge zu stehenden Gewässern (Tümpel).

Kanäle: breitere künstliche Fließgewässer ab 5 m Breite: Ent- und Bewässerungskanäle, Kraftwerks- und Industriekanäle, Schiffahrtskanäle, Floßkanäle. Aufgrund von Stauhaltungen streckenweise Stagnation und dann weiherartig.

Spezieller Teil: Die Pflanzenarten

In der nachfolgenden Einzeldarstellung erfolgt die Anordnung der Pflanzen der Gewässer, Ufer- und anderer Naßstandorte nach höheren Vegetationseinheiten und Biotopen. Solche Arten, die nicht an bestimmte Pflanzengesellschaften gebunden sind, sondern eine weite soziologische Amplitude haben, erscheinen bei denjenigen Gruppierungen, in denen ihr Häufungsschwerpunkt liegt; auf ihre sonstigen Vorkommen wird dann im Text verwiesen.

Aus Platzgründen können nur die häufigsten und interessantesten Arten beschrieben werden, auf einige weitere Arten wird im Text hingewiesen. Um auch die systematischen Zusammenhänge deutlich zu machen, wurde die einleitende Liste der behandelten Pflanzenarten nach Gattungen, Familien und höheren Taxa geordnet. Die Nomenklatur der Gefäßpflanzen-Arten richtet sich nach S. J. Casper u. H.-D. Krausch (1980/81), die der Moose nach J.-P. Frahm u. W. Frey (1987), die der Armleuchtergewächse nach R. Corillon (1957). In Klammern sind jeweils die häufigsten Synonyme hinzugefügt. Auf die Beigabe von Bestimmungsschlüsseln wurde verzichtet, es wird auf die angegebenen Florenwerke und weitere Spezialliteratur als Bestimmungshilfen verwiesen.

Systematische Übersicht der behandelten Wasser- und Uferpflanzen*

Abteilung	Klasse	Familie	Gattung	Art
Charophyta Armleuchter-gewächse	Charophyceae	Characeae	*Chara* L.	*C. tomentosa* L. *Ch. aspera* Deth. ex Willdenow *C. delicatula* Agardh *C. hispida* L.
			Nitellopsis Hy.	*N. obtusa* (Desvaux) J. Groves
Bryophyta Moose	Hepaticae Lebermoose	Ricciaceae	*Riccia* L.	*R. fluitans* L. *R. rhenana* Lorbeer Corda
			Ricciocarpus	*R. natans* (L.) Corda
	Bryopsida (Musci) Laubmoose	Fontinala-ceae	*Fontinalis* Hedw.	*F. antipyretica* Hedw.
Pteridophyta Farnpflanzen	Lycopsida Bärlappartige	Lycopodia-ceae	*Lycopodiella* Holub	*L. inundata* (L.) Holub
		Isoetaceae	*Isoetes* L.	*I. lacustris* L.
	Sphenopsida Schachtel-halmartige	Equisetaceae	*Equisetum* L.	*E. fluviatile* L.
	Pteropsida Farne	Marsileaceae	*Marsilea* L. *Pilularia* L.	*M. quadrifolia* L. *P. globulifera* L.
		Salviniaceae	*Salvinia* Guettard	*S. natans* (L.) Allioni
		Azollaceae	*Azolla* Lmk.	*A. filiculoides* Link
Anthophyta Blütenpflan-zen				
	Monocotyle-doneae (Liliopsida) Einkeim-blättler			

*ohne die unter „Sonstiges" zusätzlich vermerkten Arten

Abteilung	Klasse	Familie	Gattung	Art
		Typhaceae	*Sparganium* L.	S. *erectum* L. em.Rchb.
				S. emersum Rehmann
				S. minimum Wallroth
			Typha L.	*T. minima* Funck
				T. angustifolia L.
				T. latifolia L.
				T. shuttleworthii Koch et Sonder
		Potamogetonaceae		
			Potamogeton L.	*P. polygonifolius* Pourret
				P. coloratus Hornemann
				P. alpinus Balbis
				P. natans L.
				P. lucens L.
				P. gramineus L.
				P. x nitens Weber
				P. perfoliatus L.
				P. crispus L.
				P. obtusifolius Mertens et Koch
				P. acutifolius Link ex Roemer et Schultes
				P. mucronatus Schrader
				P. berchtoldii Fieber
				P. pectinatus L.
				P. filiformis Persoon
		Najadaceae	*Najas* L.	*N. marina* L. subsp. *marina;* subsp. *intermedia* (Wolfgang) Casper
				N. minor Allioni
		Scheuchzeriaceae	*Scheuchzeria* L.	*S. palustris* L.
		Alismataceae	*Sagittaria* L.	*S. subulata* (L.) Buchenau
				S. latifolia Willdenow
				S. sagittifolia L.
			Luronium Rafin.	*L. natans* (L.) Rafin.
			Baldellia Parl.	*B. ranunculoides* (L.) Parl.

Abteilung	Klasse	Familie	Gattung	Art
			Alisma L.	*A. plantago-aquatica* L. *A. lanceolatum* Withering
		Butomaceae	*Butomus* L.	*B. umbellatus* L.
		Hydrocharitaceae	*Hydrocharis* L.	*H. morsus-ranae* L.
			Stratiotes L.	*S. aloides* L.
			Lagarosiphon Harvey	*L. major* (Ridley) Moss
			Hydrilla L. C. Richard	*H. verticillata* (L. fil.) Royle
			Elodea L. C. Richard	*E. canadensis* L. C. Richard *E. nuttallii* (Planchon) St. John
		Poaceae (Gramineae)	*Glyceria* R. Brown	*G. maxima* (Hartman) Holmberg *G. fluitans* (L.) R. Brown
			Scolochloa Link	*S. festucacea* (Willdenow) Link
			Deschampsia Palisot de Beauvois	*D. setacea* (Huds.) Hackel
			Alopecurus L.	*A. aequalis* Sobol.
			Phalaris L.	*P. arundinacea* L.
			Phragmites Adanson	*P. australis* (Cav.) Trinius
			Coleanthus Seidl.	*C. subtilis* (Tratt.) Seidl
			Leersia Swartz	*L. oryzoides* (L.) Swartz
		Cyperaceae	*Schoenoplectus* Palla	*S. lacustris* (L.) Palla subsp. *lacustris* subsp. *glaucus* (Smith) Becherer
			Bolboschoenus Palla	*B. maritimus* (L.) Palla
			Holoschoenus Link	*H. romanus* (L.) Fritsch
			Eleocharis R. Brown	*E. ovata* (Roth) Roemer et Schultes *E. palustris* (L.) Roemer et Schultes *E. multicaulis* J. E. Smith

Abteilung	Klasse	Familie	Gattung	Art
				E. acicularis (L.) Roemer et Schultes
				E. austriaca Hayek
			Eleogiton Link	*E. fluitans* (L.) Link
			Isolepis R. Brown	*I. setacea* (L.) R. Br.
			Cyperus L.	*C. fuscus* L.
			Cladium R. Brown	*C. mariscus* (L.) Pohl
			Rhynchospora Vahl	*R. alba* (L.) Vahl
			Carex L.	*C. vulpina* L.
				C. appropinquata Schumacher
				C. bohemica Schreb.
				C. gracilis Curtis
				C. elata Allioni
				C. limosa L.
				C. pseudocyperus L.
				C. rostrata Stokes
				C. vesicaria L.
				C. riparia Curtis
				C. lasiocarpa Ehrhart
				C. oederi Retz.
				C. caspitosa L.
		Araceae	*Acorus* L.	*A. calamus* L.
			Calla L.	*C. palustris* L.
		Lemnaceae	*Lemna* L.	*L. trisulca* L.
				L. minor L.
				L. gibba L.
				L. turionifera Landolt
			Spirodela Schleiden	*S. polyrhiza* (L.) Schleiden
			Wolffia Horkel ex Schleiden	*W. arrhiza* (L.) Horkel ex Wimmer
		Juncaceae	*Juncus* L.	*J. bufonius* L.
				J. bulbosus L.
				J. alpino-articulatus Chaix
				J. atratus Krocker
		Iridaceae	*Iris* L.	*I. pseudacorus* L.
				I. versicolor L.

Abteilung	Klasse	Familie	Gattung	Art
	Dicotyledoneae (Magnoliopsida) Zweikeimblättler	Urticaceae	*Urtica* L	*U. kioviensis* Rogowicz
		Polygonaceae	*Rumex* L.	*R. hydrolapathum* Hudson
				R. maritimus L.
			Polygonum L.	*P. amphibium* L.
				P. lapathifolium L.
				P. hydropiper L.
		Caryophyllaceae	*Corrigiola* L.	*C. litoralis* L.
			Illecebrum L.	*I. verticillatum* L.
		Portulaccaceae	*Montia* L.	*M. fontana* L.
				M. hallii (A. Gray) Greene
		Nymphaeaceae	*Nymphaea* L.	*N. alba* L.
				N. candida C. Presl
				N. rubra Roxburgh
			Nuphar J. E. Smith	*N. lutea* (L.) J. E. Smith
				N. pumila (Timm) DC.
		Ceratophyllaceae	*Ceratophyllum* L.	*C. demersum* L.
		Ranunculaceae	*Ranunculus* L.	*R. sceleratus* L.
				R. reptans L.
				R. lingua L.
				R. hederaceus L.
				R. ololeucos Lloyd
				R. baudotii Godr.
				R. peltatus Schrank
				R. penicillatus (Dumortier) Babington
				R. aquatilis L.
				R. trichophyllus Chaix
				R. circinatus Sibth.
				R. fluitans Link
		Brassicaceae (Cruciferae)	*Cardamine* L.	*C. parviflora* L.
				C. palustris (Wimmer et Grabowski) Peterm.
			Nasturtium R. Brown	*N. microphyllum* Bönninghausen
			Rorippa Scopoli	*R. sylvestris* (L.) Besser
				R. amphibia (L.) Besser
		Droseraceae	*Aldrovanda* L.	*A. vesiculosa* L.

Abteilung	Klasse	Familie	Gattung	Art
			Drosera L.	*D. intermedia* Hayne
		Crassulaceae	*Crassula* L.	*C. helmsii* (T. Kirk) Cockayne
		Rosaceae	*Potentilla* L.	*P. palustris* (L.) Scop.
			Filipendula Mill. em. Adans.	*F. ulmaria* (L.) Maxim.
		Fabaceae (Papilionaceae)	*Lathyrus* L.	*L. palustris* L.
		Geraniaceae	*Geranium* L.	*G. palustre* L.
		Euphorbia-ceae	*Euphorbia* L.	*E. palustris* L.
		Callitrichaceae	*Callitriche* L.	*C. hamulata* Kützing
				C. palustris L.
				C. stagnalis Soopoli
				C. platycarpa Kützing
				C. cophocarpa Sendtner
				C. obtusangula Le Gall
		Balsaminaceae	*Impatiens* L.	*I. glandulifera* Royle
		Hypericaceae	*Hypericum* L.	*H. elodes* L.
				H. maius (A. Gray) Britton
				H. tetrapterum Fries
		Elatinaceae	*Elatine* L.	*E. alsinastrum* L.
				E. hexandra (Lapierre) DC.
		Lythraceae	*Lythrum* L.	*L. salicaria* L.
				L. virgatum L.
				L. hyssopifolia L.
			Peplis L.	*P. portula* L.
		Onagraceae	*Ludwigia* L.	*L. palustris* (L.) Elliott
			Epilobium L.	*E. hirsutum* L.
				E. palustre L.
		Trapaceae	*Trapa* L.	*T. natans* L.
		Haloragaceae	*Myriophyllum* L.	*M. alterniflorum* DC.
				M. spicatum L.
				M. verticillatum L.
				M. heterophyllum Michaux
		Hippurida-ceae	*Hippuris* L.	*H. vulgaris* L.

Abteilung	Klasse	Familie	Gattung	Art
		Hydrocotylaceae	*Hydrocotyle* L.	*H. vulgaris* L.
		Apiaceae (Umbelliferae)	*Oenanthe* L.	*Oe. aquatica* (L.) Poiret
				Oe. fluviatilis (Bab.) Coleman
				Oe. fistulosa L.
			Peucedanum L.	*P. palustre* (L.) Moench
			Cicuta L.	*C. virosa* L.
			Apium L.	*A. inundatum* (L.) Rchb. fil.
			Berula Koch	*B. erecta* (Hudson) Coville
			Sium L.	*S. latifolium* L.
		Primulaceae	*Hottonia* L.	*H. palustris* L.
			Samolus L.	*S. valerandi* L.
			Lysimachia L.	*L. thyrsiflora* L.
				L. vulgaris L.
		Menyanthaceae	*Menyanthes* L.	*M. trifoliata* L.
			Nymphoides Hill	*N. peltata* (S. G. Gmelin) O. Kuntze
		Boraginaceae	*Myosotis* L.	*M. rehsteineri* Wartmann
		Lamiaceae (Labiatae)	*Teucrium* L.	*T. scordium* L.
			Scutellaria L.	*S. galericulata* L.
				S. hastifolia L.
			Stachys L.	*S. palustris* L.
			Lycopus L.	*L. europaeus* L.
			Mentha L.	*M. aquatica* L.
				M. pulegium L.
		Solanaceae	*Solanum* L.	*S. dulcamara* L.
		Scrophulariaceae	*Scrophularia* L.	*S. umbrosa* Dum.
			Mimulus L.	*M. guttatus* Fischer ex DC.
				M. moschatus Douglas ex Lindley
			Limosella L.	*L. aquatica* L.
			Veronica L.	*V. scutellata* L.
				V. beccabunga L.
				V. catenata Pennell
				V. anagallis-aquatica L.

Abteilung	Klasse	Familie	Gattung	Art
		Lentibulariaceae	*Utricularia* L.	*U. vulgaris* L.
				U. australis R. Brown
				U. intermedia Hayne
				U. minor L.
		Plantaginaceae	*Littorella* Bergius	*L. uniflora* (L.) Ascherson
		Rubiaceae	*Galium* L.	*G. elongatum* C. Presl
		Valerianaceae	*Valeriana* L.	*V. officinalis* L.
				V. sambucufolia Mikan f.
		Lobeliaceae	*Lobelia* L.	*L. dortmanna* L.
		Asteraceae	*Achillea* L.	*A. salicifolia* Besser
		(Compositae)	*Senecio* L.	*S. congestus* (R. Brown) DC.
				S. paludosus L.
			Bidens L.	*B. tripartita* L.
				B. radiata Thuill.
				B. frondosa L.
				B. cernua L.
			Xanthium L.	*X. albinum* (Widder) H. Scholz
			Gnaphalium L.	*G. uliginosum* L.
				G. luteo-album L.
			Pulicaria Gaertner	*P. vulgaris* Gaertner
				P. dysenterica (L.) Bernhardi
			Rudbeckia L.	*R. laciniata* L.
			Helianthus L.	*H. tuberosus* L.
			Sonchus L.	*S. palustris* L.
			Eupatorium L.	*E. cannabinum* L.
			Aster L.	*A. lanceolatus* Willdenow
				A. × salignus Willdenow

Die Wasser- und Uferbiotope und ihre wichtigsten Pflanzenarten

Nährstoffarme (oligotrophe) Seen besitzen oft einen sehr lockeren Röhrichtgürtel (Stechlin-See, Brandenburg).

1 Nährstoffarme bis mäßig nährstoffreiche, kalkreiche Gewässer

Hauptsächlich in den Jungmoränenlandschaften südlich und westlich der Ostsee und des nördlichen Alpenvorlandes gibt es nährstoffarme (oligotrophe) bis mäßig nährstoffreiche (mesotrophe), aber kalkreiche Seen. Sie liegen meist in wenig besiedelten bewaldeten Endmoränengebieten und weisen oft erhebliche Tiefen auf. Infolge der Nährstoffarmut ist das Wasser klar und die Sichttiefe groß, so daß die Vegetation bis in Tiefen von 20 m vordringen kann. Charakteristisch für diese Seen ist ein reichliches Vorkommen von Armleuchteralgen (Characeen), welche große Flächen des Seegrundes in oftmals dichten Beständen überziehen. Ihre Ablagerungen tragen dazu bei, daß sich auf dem Seeboden grauweiße Kalkmudde bildet. In früheren Zeiten hat man diese Pflanzen – in Nord-Brandenburg und Mecklenburg „Post", in Vorpommern „Stürs", am Bodensee „Müß" genannt – mit langen Harken aus dem Wasser gezogen und als kalkreichen Dünger auf die Äcker gebracht. Je nach Wassertiefe und Nährstoffstatus des Sees lassen sich mehrere Gesellschaften – oftmals Dominanzbestände einer Art – unterscheiden. Charakteristische Blütenpflanzen dieser Seen sind Wechselblütiges Tausendblatt (*Myriophyllum alterniflorum*), das allerdings auch in kalkarmen und in fließenden Gewässern vorkommt, und die im flachen Uferbereich wachsenden Laichkräuter *Potamogeton nitens* und *P. filiformis* (ganz selten auch *P. rutilus*). In den mesotrophen Seen gibt es zwischen lockerem Röhricht oftmals größere Bestände des Mittleren Nixkrautes (*Najas marina* subspec. *intermedia*).

Ansonsten reichen aber auch verschiedene Wasserpflanzen mit Schwerpunkten in nährstoffreichen Gewässern bis in die mesotrophen Seen hinein, doch sind ihre Bestände hier meistens weniger dicht und üppig.

In der Röhrichtzone der nährstoffarmen bis mäßig nährstoffreichen kalkreichen Gewässer trifft man nicht selten auf mehr oder weniger ausgedehnte Bestände der Schneide (*Cladium mariscus*). Daneben wachsen aber auch Schilf, Seesimse und Schmalblättriger Rohrkolben, doch fehlen die ausgesprochenen Nährstoffzeiger. Als Kleinröhricht gibt es vielfach Bestände der Sumpf-Segge (*Carex acutiformis*).

Eine spezifische Ufervegetation weisen die im Sommer nach der Schneeschmelze in den Alpen überfluteten, sonst aber trocken liegenden Kalkgeröll- und Kiesufer

Mäßig nährstoffreicher, kalkreicher (kalk-mesotropher) See (Paarstein-See, Uckermark).

des Bodensees auf. Hier wachsen u.a. das schöne niedrige Bodensee-Vergißmeinnicht (*Myosotis rehsteineri*) und die Strand-Schmiele (*Deschampsia rhenana*), während die Purpur-Grasnelke (*Armeria purpurea*) am Bodenseeufer bereits verschwunden ist.

Leider sind die nährstoffarmen bis mäßig nährstoffreichen Klarwasserseen durch Abwassereinleitung, Erholungsbetrieb und ähnlichen Belastungen in besonderem Maße gefährdet und die charakteristischen Arten reagieren zumeist besonders empfindlich. So sind viele Seen dieses Typs inzwischen bereits zu einem nährstoffreichen (eutrophen) See geworden. Natur- und Umweltschutz sind bemüht, die noch vorhandenen kalkreichen Klarwasserseen in ihrem ursprünglichen Status zu erhalten und bereits geschädigte wieder zu sanieren.

Chara aspera Deth. ex Willdenow
Harte Armleuchteralge

Mittelgroße *Chara*-Art mit bis 50 cm langen Sprossen, feingliedrig, locker mit Quirlästen besetzt, im Uferbereich jedoch meist niedrig bleibend und stark büschelig verzweigt. Sproßachse berindet und sehr dicht bestachelt, Gametangien groß, auffällig rot oder orange gefärbt, Rhizoiden mit weißen, kugeligen Knöllchen. Zweihäusig. Fruktifikation Juni bis September.
Vorkommen: In kalkreichen, nährstoffarmen Klarwasserseen und Quellteichen; die niedrige Flachwasserform an windexponierten Ufern auf sandigem bis gerölligem Substrat. Hier eine eigene, lückige Gesellschaft bildend (Charetum asperae), die Normalform im tieferen Wasser in anderen Characeen-Gesellschaften auf kalkhaltigen Schlammböden. Sehr empfindlich gegen Wasserverschmutzung; wird durch den entstehenden Algenaufwuchs zum Absterben gebracht.
Verbreitung: In Deutschland vor allem in den Seen der Jungmoränengebiete im Ostseeraum und im Voralpengebiet, auch im Oberrheintal; meist selten bis zerstreut, wenn auch in einigen Gewässern mitunter reichlicher vorkommend, durch zunehmende Gewässer-Eutrophierung vielerorts im Rückgang und stellenweise bereits verschwunden; vermag sich indessen nach Gewässersanierungen wieder einzustellen.

Chara delicatula Agardh
Zarte Armleuchteralge

Zierliche *Chara*-Art mit bis 15 cm langen, sich mehrfach verzweigenden Sprossen, Sprosse berindet, Rinde mit kurzen, deutlich hervortretenden Warzen, obere Stacheln des Stipularkranzes verlängert, nach oben gebogen, an den Rhizoiden kleine weiße Knöllchen tragend. Einhäusig.

Vorkommen: In nährstoffarmen bis mäßig nährstoffreichen, kalkreichen und kalkarmen stehenden Gewässern in Tiefen zwischen 1 und 3 m auf Sand oder Kalkmudde, gegen Verschmutzung sehr empfindlich; in verschiedenen Characeen-Gesellschaften, auch in Moorgewässern und dort in Strandlings-Gesellschaften, gern auch im flachen Wasser zwischen lockerem Röhricht.

Verbreitung: Ungenügend bekannt, gemäßigte Zonen der nördlichen Erdhalbkugel, S-Afrika; in Europa von der Iberischen Halbinsel bis Skandinavien, in Deutschland vor allem im Jungmoränengebiet des norddeutschen Flachlandes.

Sonstiges: Ähnlich die Zerbrechliche Armleuchteralge (*Ch. fragilis* Desv.), aber Pflanze robuster, mittelgroß, vielgestaltig, Sprosse mit sehr glatter Rinde ohne Stacheln oder hervortretende Warzen, Schwerpunkt in nährstoffarmen bis mäßig nährstoffreichen Seen (auch Baggerseen) bis in Tiefen von 10m, dort meist häufig.

Chara tomentosa L.
(*Chara ceratophylla* Wallr.)
Filzige Armleuchteralge

Robuste und steife, sich stachelig anfühlende 30 bis 40 (bis 100) cm hohe *Chara*-Art, Sproßachse berindet, Pflanzen meist bräunlich, gegen die Sproßspitze rötlich gefärbt. Stacheln relativ kurz. Endzellen der Quirläste oft angeschwollen. Zweihäusig, männliche Fortpflanzungsorgane (Antheridien) auffallend groß, intensiv rot.

Vorkommen: in mäßig nährstoffreichen, klaren, kalkreichen Seen in 1 bis 5 m Wassertiefe, auf Kalkmudde oder Sand, meist dichte Bestände (Charetum tomentosae) bildend, auch in anderen Characeen-Gesellschaften und in ärmeren Ausbildungen von Laichkraut- und Schwimmblatt-Gesellschaften. Erträgt geringen Salzgehalt und findet sich daher auch im Brackwasser.

Verbreitung: Gemäßigte Zonen Eurasiens, N-Afrika, N- und S-Amerika. In Deutschland vor allem in den seenreichen Gebieten der nördlichen Jungmoränenlandschaft und des Alpenvorlandes.

Chara hispida L.
Rauhe Armleuchteralge

Sehr robuste, 40 bis 50 (bis 100) cm hohe, wenig verzweigte *Chara*-Art, Sproßachse berindet, Berindung oft deutlich hervortretend, Pflanze grün bis blaugrün, aber durch Kalkablagerungen oft weißlich erscheinend, Stacheln langgestreckt oder kurz. Einhäusig. Vielgestaltige Art, einige Formen werden auch als eigene Arten aufgefaßt.

Vorkommen: In mäßig nährstoffreichen, klaren, kalkreichen Seen in 1 bis 3 m Wassertiefe auf Kalkmudde oder schlammigem Sand, auch in Ausstichen, Grubengewässern und Wiesengräben; oftmals Dominanzbestände bildend, aber auch in anderen Characeen-Gesellschaften, oft zusammen mit *Chara tomentosa*, auch in ärmeren Ausbildungen von Laichkraut- und Schwimmblatt-Gesellschaften sowie zwischen lockerem Röhricht.

Verbreitung: Gemäßigte Zonen Eurasiens, N-Afrika; in Deutschland vor allem in den gewässerreichen Landschaften der Jungmoränengebiete.

Nitellopsis obtusa (Desvaux) J. Groves
(*Chara stelligera* Reichenbach)
Stern-Armleuchteralge

Stattliche, meist 30 bis 60, mitunter aber auch bis 200 cm hohe Characee, Sprosse nicht berindet, meist hellgrün, Zahl der Quirle und Quirläste gering, kein Stipularkranz. An den Rhizoiden sternförmige weiße Knöllchen (Reservestoffbehälter). Zweihäusig, nur äußerst selten fruchtend.
Vorkommen: In nährstoffarmen bis gering nährstoffreichen, kalkreichen Seen in 1 bis 12 m Wassertiefe, in klaren nährstoffarmen Seen meist in größeren Tiefen als in etwas nährstoffreicheren Seen; kann von allen heimischen Characeen Eutrophierung bis zu einem gewissen Grade am besten ertragen. In Tiefenzonen von (2-) 5 bis 11 m dichte, oft Reinbestände (Nitellopsidetum obtusae) bildend, auch in anderen Characeen-Gesellschaften, in ärmeren Ausbildungen von Laichkraut- und Schwimmblatt-Gesellschaften sowie im lockeren Röhricht.
Verbreitung: W- und M-Europa, nordwärts bis M-England, S-Schweden und S-Finnland, vereinzelt in Italien und Spanien, ferner stellenweise in O-Europa und Zentral-Asien; in Deutschland vor allem im seenreichen Jungmoränengebiet im Umkreis der Ostsee, aber auch in anderen gewässerreichen Gebieten, z.B. im Oberrheingebiet. Durch Gewässereutrophierung gefährdet.

Potamogeton filiformis Pers.
Faden-Laichkraut

Wasserpflanze mit dünnem, kriechendem Wurzelstock und am Grunde dicht gabelästigen, 10 bis 40 cm langen Stengeln, Pflanze daher oft büschelig erscheinend. Blätter sehr schmal, fast haarförmig, mit abgerundeter oder stumpflicher Spitze. Blattspreite (wie bei *P. pectinatus*) am oberen Ende der den Stengel eng umhüllenden Blattscheide abgehend, Ähre über das Wasser hinausgehoben, locker. Blütezeit Juni bis August. Ausdauernd.

Vorkommen: Im flachem, aber kühlem Wasser klarer nährstoffarmer, aber oft kalkreicher Seen, seltener auch in langsam fließenden Gewässern, auf Sand- oder Torfschlammböden, geringe Verschmutzung noch ertragend, bei stärkerer jedoch verschwindend; in eigenen, meist mehr oder weniger lockeren Beständen (Potametum filiformis), auch im Brackwasser.

Verbreitung: Hauptverbreitung in der Nadelwaldzone der nördlichen Erdhalbkugel, von dort her in die südlich angrenzende temperate Zone ausstrahlend; in Deutschland nur in den Seengebieten des nordöstlichen Flachlandes und im Alpenvorland, auch dort meist selten, stark gefährdet. Viele frühere Vorkommen sind bereits erloschen.

Potamogeton coloratus Hornemann
Gefärbtes Laichkraut

Laichkraut-Art mit 30 bis 60 (bis 100) cm langem Stengel, lanzettlichen, bis 13 cm langen Tauchblättern und eiförmigen, häutig-durchscheinenden, oft rötlichen Schwimmblättern. Ähre schlank, 2 bis 4 cm lang. Blütezeit Juni bis September. Ausdauernd (wintergrün).

Vorkommen: In seichten stehenden oder langsamfließenden, kalkreichen aber nährstoffarmen Gewässern auf Lehm- oder Torfschlammböden, konkurrenzschwach und daher gern in neuangelegten Gewässern, außerordentlich verschmutzungsempfindlich und daher auf die reinsten Gewässer beschränkt; Kennart einer eigenen Gesellschaft (Potametum colorati), z.T. in Kontakt mit Wasserschlauch- und Seerosen-Gesellschaften.

Verbreitung: Westeuropa und westliches Mitteleuropa, südostwärts bis Ungarn und Griechenland; NW-Afrika. In Deutschland selten und nur im Süden und Westen (östl. bis in den Raum Hannover) vorkommend. Stark gefährdet, ein Großteil der früheren Vorkommen ist bereits erloschen.

Potamogeton × nitens Weber
Glanz-Laichkraut

Wasserpflanze mit länglich-lanzettlichen bis lanzettlichen, am Grund abgerundeten und halbstengelumfassenden Tauchblättern, Schwimmblätter (selten vorhanden) lederig, eilänglich, Ährenstiel bis 30 cm lang, von der Mitte an etwas verdickt. Blütezeit Juni bis August. Ausdauernd.

Vorkommen: In der Uferzone stehender oder langsamfließender Gewässer mit kalkreichem, klarem, mäßig nährstoffreichem Wasser auf sandigem oder schlammigem Grund, im flachen Wasser oder wenig oberhalb der Wasserlinie, hier Landformen ausbildend. Konkurrenzschwach, meist lockere eigene Bestände (Potametum nitentis) bildend. Auch in anderen Laichkraut-Gesellschaften des Uferbereichs.

Verbreitung: W-, N-, M- und O-Europa, südwärts bis ins nördliche Alpenvorland. In Deutschland in den Seengebieten des nördlichen Flachlandes meist selten, vereinzelt auch im Alpenvorland, stark gefährdet und an den meisten früheren Fundorten bereits erloschen.

Sonstiges: Es handelt sich um einen Bastard zwischen *P. gramineus* und *P. perfoliatus*. Je nachdem, welche dieser Arten Vater oder Mutter war, ist die Sippe unterschiedlich und insgesamt recht variabel.

Myriophyllum alterniflorum DC.
Wechselblütiges Tausendblatt

Wasserpflanze mit 20 bis 125 cm langen, aufsteigenden oder am Boden liegenden Sprossen, Blätter in vierzähligen Quirlen, mit 6 bis 18 haarfeinen, meist wechselständigen Fiederzipfeln, Blütenähren über die Wasseroberfläche gehoben, relativ klein, Kronblätter weißlich-gelb oder gelb, Tragblätter im oberen Teil kürzer als die Blüten. Blütezeit Juni bis August. Ausdauernd.

Vorkommen: In stehenden und fließenden Gewässern mit klarem, nährstoffarmen, kalkarmen bis -reichem Wasser auf Sand- oder Schlammgrund; in stehenden Gewässern in Strandling-Gesellschaften, aber auch in eigenen Beständen und in ärmeren Ausbildungen von Laichkraut- und Schwimmblatt-Gesellschaften, in Fließgewässern die Hakenwasserstern-Tausendblatt-Gesellschaft (Callitricho-Myriophylletum alterniflori) bildend.

Verbreitung: W-, N- und Mitteleuropa, nordwärts vereinzelt bis zur Eismeerküste, in S-Europa selten oder fehlend, vereinzelt in NW-Afrika, ferner auf Grönland und in N-Amerika. In Deutschland zerstreut in den Sandgebieten des Flachlandes, insbesondere im Nordwesten, vereinzelt auch im mecklenburgisch-nordbrandenburgischen Seengebiet und im Gebiet der unteren Schwarzen Elster, im Bergland in einigen silikatischen Gebieten insbesondere im Westen; stark gefährdet und vielfach bereits erloschen.

Cladium mariscus (L.) Pohl
Schneide

Hochwüchsiges Riedgras mit dickem, unterirdisch kriechendem Wurzelstock und kräftigen, 80 bis 200 cm hohen Stengeln, Blattspreiten etwa so lang wie der Stengel, 7 bis 12 mm breit, am Rande und unterseits auf dem Kiel dornig gesägt mit sehr scharf schneidenden Rändern, graugrün. Gesamtblütenstand 30 bis 50 cm lang, Ährchen zu 3 bis 10 in kugeligkopfigen Knäueln, Spelzen gelb- bis rotbraun. Blütezeit Juni bis Juli. Ausdauernd.

Vorkommen: In der Verlandungszone nährstoffarmer bis mäßig nährstoffreicher, vielfach stark kalkhaltiger Gewässer auf nassen, z.T. zeitweilig trockenfallenden Sand-, Torf- und Schlickböden, auch auf Kalkschlamm-Böden, längeres Austrocknen des Standortes jedoch nicht ertragend. Etwas wärmeliebend und in der nacheiszeitlichen Wärmezeit weiter verbreitet als heute; Kennart des Schneiden-Röhrichts (Cladietum marisci), auch in ärmeren Ausbildungen des Schilf-Röhrichts, in Kalkflachmooren und Zwischenmooren.

Verbreitung: Von den tropischen bis in die gemäßigten Zonen weltweit verbreitet, in Europa nordwärts bis England und S-Skandinavien. In Deutschland im Flachland, im Oberrheingebiet und im Alpenvorland zerstreut bis selten, sonst nur ganz vereinzelt und auf große Strecken hin gänzlich fehlend; gefährdet und stellenweise bereits verschwunden.

Utricularia intermedia Hayne
Mittlerer Wasserschlauch

Kleine Wasserpflanze mit grünen Wasser- und farblosen Erdsprossen. Letztere verankern die Pflanze im Substrat. Stengelgrund häufig mit Rhizoiden; Wassersprosse meist 15 bis 25 cm lang, Blätter zerteilt mit 7 bis 17 linealen, stachelspitzigen, mit 2 bis 12 Wimperborsten besetzten Endzipfeln, hellgrün; Fangblasen nur an den Erdsprossen. Blüten klein, zweilippig, zitronengelb, in lockeren, 2 bis 5 blütigen, 6 bis 36 cm hohen Trauben. Blütezeit Juni bis September. Ausdauernd (mit eikugeligen behaarten Winterknospen).

Vorkommen: In Schlenken und Kleingewässern im Bereich von Zwischenmooren und Röhrichten im flachen, nährstoffarmen, aber meist kalkreichem Wasser über schlammigem oder torfigem Grund, zeitweiliges Trockenfallen ertragend und dann auf nassem Boden wachsend, bei stärkerer Austrocknung jedoch absterbend; in Kleinwasserschlauch-Gesellschaften.

Verbreitung: Gemäßigte bis kühle Zonen der nördlichen Erdhalbkugel. In Deutschland im nördlichen Flachland, im oberlausitzer Teichgebiet, im Alpenvorland und im Bayerischen Wald, überall meist nur selten, an vielen Stellen bereits verschwunden, daher stark gefährdet bzw. vom Aussterben bedroht.

Utricularia minor L.
Kleiner Wasserschlauch

Ähnlich voriger Art, aber noch zarter. Sprosse oft nur 5 bis 15 cm lang, Stengelgrund ohne Rhizoide, Fangblasen auch an den grünen Wassersprossen, Blattzipfel am Rande nicht borstig bewimpert, Winterknospen kahl.

Vorkommen: In Schlenken und Kleingewässern innerhalb von Mooren und Verlandungszonen, in Heidetümpeln und Gräben meist in sehr flachem Wasser, mitunter auch in bis 2 m Wassertiefe über mäßig nährstoffreichen, kalkreichen und kalkarmen (dann mäßig sauren) Torfschlamm-Böden; gelegentliches Trockenfallen ertragend und dann auch auf nassem Schlamm wachsend; in den meisten Kleinwasserschlauch-Gesellschaften, auch in einigen Strandling-Gesellschaften sowie in Seerosenbeständen von Heide- und Moorgewässern.

Verbreitung: Gemäßigte und kühle Zonen der nördlichen Erdhalbkugel. In Deutschland im Flachland und im Alpenvorland zerstreut, sonst selten, streckenweise gänzlich fehlend; stark gefährdet und stellenweise bereits verschwunden.

Sonstiges: Weitere, aber wesentlich seltenere kleinere Wasserschlauch-Arten sind *U. bremii* Heer, ähnlich der *U. minor*, aber in allen Teilen kräftiger, Kronunterlippe kreisförmig, flach ausgebreitet, 8-10 mm breit, in Deutschland nur südlich des Main, dort z.T. zusammen mit *U. minor*; sowie *U. ochroleuca* R. Hartmann, ähnlich *U. intermedia*, aber Endzipfel der Wasserblätter am Rande nur mit 1-3 Wimperborsten, Blütentrauben 10-17,5 cm hoch mit 2-3 gelben Blüten; meist in Schlenken von Hoch- und Zwischenmooren zusammen mit Torfmoosen, in Mitteleuropa sehr selten und sehr zerstreut, z.B. im Lausitzer Teichgebiet und im Bodenseegebiet.

Myosotis rehsteineri Wartmann (*Myosotis scorpioides* L. subspec. *caespiticia* (DC.) Baumann)
Bodensee-Vergißmeinnicht

Diese Kleinart aus der Sumpf-Vergißmeinnicht-Gruppe ist eine niedrig-rasenförmig wachsende Pflanze von nur 2 bis 8 cm Höhe, aber mit eindrucksvoll großen, 8 bis 12 mm breiten hellblauen Blüten. Die Art vermag auch untergetaucht lebende Wasserformen mit kurzen und kräftigen Ausläufern auszubilden. Blütezeit April bis Mai. Ausdauernd.

Vorkommen: In der obersten, sommerlich überfluteten Uferzone voralpiner Seen auf offenen, mehr oder weniger nährstoffarmen, kalkhaltigen, oft tonigen Sand-, Kies- und Geröllböden; vor allem in Strandling-Gesellschaften, Kennart der Strandschmielen-Gesellschaft (Deschampsietum rhenanae), auch in angrenzende Röhrichte, Großseggen-Riede und Flutrasen übergreifend.

Verbreitung: Seen des nördlichen und südlichen Alpenvorlandes, in Deutschland am Bodensee und am Starnberger See; infolge Gewässereutrophierung und Uferbebauung stark im Rückgang und stellenweise bereits verschwunden.

Sonstiges: Weitere, meist 20 bis 50 cm hoch werdende Arten der Sumpf-Vergißmeinnicht-Gruppe, wie *M. laxa* Lehmann, *M. scorpioides* L. und *M. nemorosa* Besser, kommen an Ufern von Quellen, Bächen und Gräben auf nährstoffreichen Böden vor.

Ranunculus reptans L.
Ufer-Hahnenfuß

Niedrige Hahnenfuß-Art mit niederliegendem fadenförmigem, 10 bis 30 cm langem Stengel, an den Knoten stark wurzelnd. Blätter schmal elliptisch bis spatelig, einzeln oder zu 3 bis 10 an den Knoten büschelig gehäuft. Blütensproß aufsteigend, Blüten einzeln, 3 bis 5 mm im Durchmesser, blaßgelb. Neben der Landform tritt zuweilen eine wintergrüne, steril bleibende Wasserform mit pfriemlich-walzlichen Blättern auf. Blütezeit Juni bis August. Ausdauernd.

Vorkommen: In der Uferzone stehender Gewässer, in Dünentälern und Ausstichen auf zeitweise flach überschwemmten, meist aber trocken liegenden, feuchten, nährstoffarmen, kalkreichen und -armen rohen Kies-, Sand- und Tonböden. Pionierpflanze; Schwerpunkt in Strandling-Gesellschaften, auch in Zwergbinsen-Gesellschaften und lichten Röhrichten.

Verbreitung: In den kühlen bis gemäßigten Zonen der nördlichen Erdhalbkugel, in den Alpen bis 2200 m aufsteigend. In Deutschland offenbar sehr selten, hauptsächlich am Bodensee und im Küstenbereich der Ostsee, sonst nur wenige, z.T. bereits erloschene Einzelvorkommen, möglicherweise noch mancherorts übersehen bzw. als *R. flammula* angesprochen.

2 Nährstoff- und kalkarme Gewässer

Nährstoff- und kalkarme Gewässer gibt es vor allem in den Sand- und Heidegebieten der Altmoränenlandschaften des norddeutschen Flachlandes (Emsland, Lüneburger Heide, Nieder- und Oberlausitz) sowie in Mittelgebirgslandschaften mit silikatischen Gesteinen. Es handelt sich hierbei weniger um Seen als vielmehr um flache Heideweiher und Heidetümpel, um Fischteiche, Ausstiche und Entwässerungsgräben. Die meisten von ihnen werden nur vom nährstoff- und kalkarmen Grundwasser oder / und von Regenwasser gespeist. So ist der Nährstoffgehalt des Wassers und des anstehenden, meist sandigen Bodensubstrates gering und das Wasser klar und oft schwach sauer. Die hier wachsenden Pflanzen müssen mit wenigen Nährstoffen auskommen, und im Wasser gelöster Kalk steht ihnen nicht oder nur in sehr geringem Maße zur Verfügung.

Es gibt jedoch eine Reihe von Arten, die mit diesen Standortbedingungen zurechtkommen und hier ihren Verbreitungsschwerpunkt haben. Im flachen Wasser oder auf den feuchten, bei hohen Wasserständen zeitweilig überschwemmten Uferstreifen bilden sie lockere Pflanzengesellschaften.

Da nährstoff- und kalkarme Gewässer ihre Hauptverbreitung in Europa in den Heidegebieten West-Europas haben, sind auch viele der hier wachsenden Pflanzen an die dort herrschenden Klimabedingungen – hohe Luftfeuchtigkeit, reichliche Niederschläge, kühle Sommer und milde Winter – angepaßt. Das Verbreitungsgebiet dieser „ozeanischen" oder „atlantischen" Arten reicht kaum bis in das östliche Mitteleuropa hinein, bei manchen verläuft die Arealgrenze schon im nordwestdeutschen Flachland, andere ziehen sich noch etwas an der Ostseeküste entlang und haben auch in der Nieder- und Oberlausitz vorgeschobene Vorposten.

Nährstoff- und kalkarmer Heideweiher.

Braunkohlentagebau-Restgewässer mit stark saurem Wasser.

Fast alle Pflanzen der nährstoff- und kalkarmen Gewässer sind konkurrenzschwach und gehen zurück oder sind am Verschwinden, d.h. erliegen zumeist dem Konkurrenzdruck der wüchsigeren, nährstoffliebenden Arten, wenn ihre Wohngewässer mit Nährstoffen angereichert werden. Nährstoff- und kalkarme Gewässer sind heute selten geworden; den noch vorhandenen gilt die besondere Aufmerksamkeit des Naturschutzes. Die meisten Pflanzen dieses Gewässertyps gehören heute zu den stark gefährdeten oder vom Aussterben bedrohten Arten.

Innerhalb der nährstoff- und kalkarmen Gewässer stellen die Restgewässer des Braunkohlenbergbaues eine besondere Gruppe dar. Durch die Verwitterung schwefelhaltiger Kohlerückstände und tertiärzeitlicher Bodensubstrate sind die Braunkohlenseen der Lausitz oftmals extrem sauer und darüber hinaus reich an Eisenhydroxid. An Wasserpflanzen findet sich in derartigen „Essig-Seen“ meist nur die Knollen-Binse, und auch die Besiedlung der Ufer geht nur sehr zögerlich voran.

Baldellia ranunculoides
(L.) Parl.
(*Echinodorus ranunculoides* (L.) Engelm. ex Aschers.)
Igelschlauch

Niedrige Ufer- und Wasserpflanze, die (seltene) Unterwasserform mit bandförmigen Tauchblättern, die Landform mit lang gestielten, schmal-lanzettlichen bis lanzettlichen, 4 bis 10 cm langen, in einer grundständigen Rosette angeordneten Blättern, diese bei Überflutung z.T. als Schwimmblätter auf dem Wasser schwimmend, sonst aufrecht nach oben ragend. Blütenstände 20 bis 60 cm hoch, aus 1 bis 2 (– 4) übereinanderstehenden Quirlen mit 10 bis 20 Blüten bestehend, Blüten dreizählig, Kronblätter weiß oder blaß purpurn. Es gibt 2 Unterarten: die subspec. *repens* besitzt niederliegende Ausläufer, die an den Knoten wurzeln, die subspec. *ranunculoides* nicht. Blütezeit Juni bis September. Ausdauernd.

Vorkommen: In und an stehenden, nährstoffärmeren Gewässern auf zeitweilig überfluteten Uferstandorten mit sandigem, schlammigem oder tonigem Boden, in größeren Tiefen (bis 1,2 m) mitunter die Unterwasserform; salzertragend und daher auch in küstennahen Gewässern und in der Nähe von Binnensalzstellen; in Strandlings-Gesellschaften und Kennart des Hydrocotylo-Baldellion und des Samulo-Baldellion.

Verbreitung: Meeresnahe Gebiete W-, S- und M-Europas, nordwärts bis S-Norwegen und S-Schweden. In Deutschland im nordwestlichen und nördlichen Tiefland, selten.

Pilularia globulifera L.
Pillenfarn

Niedrige Wasser- und Uferpflanze mit im Wasser flutenden oder im Boden kriechendem, fadenförmigem Wurzelstock, Blätter stielrund, pfriemlich-binsenartig, hell- bis dunkelgrün, 7 bis 10 cm hoch, bei Wasserformen bis 20 cm lang, an der Spitze oft spiralig zusammengerollt, Sporenbehälter („Pillen") am Grunde der Blätter, erbsengroß, zuerst gelbgrün, später schwarzbraun. Sporenreife Juli bis September. Ausdauernd.

Vorkommen: In stehenden nährstoffarmen Gewässern und an deren Ufern, im flachen Wasser flutend oder auf offenen nassen, kalkarmen, schwach sauren, schlammigen oder reinen Sandböden sowie auf Lehm oder Ton, auch rasenbildend, konkurrenzschwach und daher oft als Pionier in frisch angelegten oder ausgebauten Gräben, in Ausstichen, Sand-, Kies- und Tongruben und auf trockengefallenen Teichböden. Kennart der Pillenfarn-Gesellschaft, auch in anderen Strandlings- sowie in Zwergbinsen-Gesellschaften, in Gräben mitunter auch in der Wasserprimel-Gesellschaft.

Verbreitung: W- und M-Europa, nach Osten hin immer seltener werdend, bis M-Italien, Oberschlesien und Danziger Bucht, nordwärts bis S-Skandinavien. In Deutschland Schwerpunkt im nordwestlichen Tiefland, ferner zerstreute bis vereinzelte Vorkommen entlang der Ostseeküste, in der Nieder- und Oberlausitz, im Oberrhein- und Maingebiet und in einigen Mittelgebirgen.

Hypericum elodes L.
Sumpf-Johanniskraut

Sumpfpflanze mit kriechender Grundachse, Stengel aus niederliegendem Grunde aufsteigend, 10 bis 30 cm hoch, Blätter eirundlich, mit herzförmigem Grund halbstengelumfassend, rauhhaarig, Blütenstände armblütig, Blüten ziemlich groß, etwa 1,5 cm im Durchmesser, blaß zitronengelb. Blütezeit Juni bis August. Ausdauernd.
Vorkommen: In und an mäßig nährstoffreichen, mäßig bis schwach sauren Heidegewässern und Moorkolken auf sandigem oder torfigem Grund, im flachen Wasser oder auf nassen Uferstandorten, Wechselnässe ertragend; in lückigen Strandlings-Gesellschaften, Trennart einer Untergesellschaft des Eleocharitetum multicaulis.
Verbreitung: W-Europa einschließlich Azoren, ostwärts vereinzelt bis in die Lausitz (erloschen) und M-Italien, in Skandinavien fehlend. In Deutschland nur noch im Rheinland und im Ems-Gebiet, an weiteren Vorkommen in Niedersachsen, im Untermaingebiet und in der nördlichen Oberlausitz erloschen; stark gefährdet.

Deschampsia setacea (Huds.) Hackel
Borsten-Schmiele

Mäßig hohes Gras, weiche dichtrasige Polster bildend, Blätter gefaltet, borstlich-pfriemlich, Halme 30 bis 70 cm hoch, Ährchen grün-violett, in Rispen. Blütezeit Juli bis August. Ausdauernd.

Vorkommen: An den Ufern von Heideweihern und aufgelassenen Fischteichen, in Dünentälern und auf Heidemooren auf nährstoffarmen, mäßig bis schwach sauren Sand- und Torfböden; in Strandlings-Gesellschaften, vor allem im Eleocharitetum multicaulis.

Verbreitung: W-Europa, südwärts bis NW-Spanien, nordwärts bis S-Skandinavien, vereinzelte Vorposten in M-Europa. In Deutschland Schwerpunkt im westlichen Niedersachsen, nördlichen Westfalen und nordwestlichem Schleswig-Holstein, aber auch hier selten und im Rückgang, vereinzelte Vorkommen im Rheinland, im Bayerischen Wald, auf Rügen und in der mittleren Oberlausitz. Vom Aussterben bedroht, viele frühere Vorkommen bereits erloschen.

Eleocharis multicaulis (J. S. Smith) J. E. Smith
Vielstengelige Sumpfsimse

Niedriges bis mäßig hohes Riedgras mit unterirdischen Ausläufern und rasenartigem Wuchs, Halme 15 bis 40 cm hoch, 0,5 bis 1 mm dick, ziemlich derb, stielrund, an der Spitze je ein 5 bis 13 mm langes eilängliches oder spindeliges Ährchen tragend. Blütezeit Juni bis August. Ausdauernd.
Vorkommen: An den Ufern nährstoffarmer, schwach bis stark saurer stehender Gewässer in Sandgebieten, auch in Moorschlenken und Torfstichen, im flachen Wasser oder im feuchten, zeitweise überschwemmten Uferbereich auf sandigem oder torfigem Untergrund. Kennart einer eigenen Gesellschaft (Eleocharitetum multicaulis); auch in anderen Strandlings-Gesellschaften sowie in Schnabelsimsen-Gesellschaften.
Verbreitung: W-Europa, stellenweise in M-Europa und im nördlichen S-Europa, NW-Afrika, nordwärts bis S-Skandinavien. In Deutschland vor allem im nordwestlichen Tiefland, isolierte Vorkommen in der Pfalz und in den Teich- und Seengebieten der Nieder- und Oberlausitz. Stark gefährdet und stellenweise bereits erloschen.

Littorella uniflora (L.) Ascherson
Strandling

Niedrige, rosettig wachsende, ausläuferbildende Ufer- und Unterwasserpflanze mit walzlichen, sukkulent-saftig wirkenden, 2,5 bis 3 mm dicken und 4 bis 12 cm langen dunkelgrünen Blättern (Blätter der Unterwasserform hellgrün); Blüten einhäusig, in blattachselständigen Ähren aus je einer männlichen Blüte und 2 bis 5 weiblichen Blüten, unscheinbar mit blaß-weißlicher Krone und weit herausragenden gelblichen Staubfäden und Narben. Blütezeit Mai bis Juni und August bis September. Ausdauernd.

Vorkommen: An den Ufern nährstoffarmer bis mäßig nährstoffreicher, kalkarmer und -reicher stehender Gewässer in Sandgebieten, auf z.T. periodisch überschwemmten Uferstreifen auf mehr oder weniger schlammig-humosen Sand-, Kies- und Geröllböden, in Klarwasserseen auch sterile Unterwasserformen bis in 1,5 m (selten bis 4 m) Wassertiefe; meist gesellig und am Ufer oft dichte Bestände bildend. In verschiedenen Strandlings-Gesellschaften, auch zwischen lockerem Röhricht.

Verbreitung: Küstennahe Gebiete Europas von Portugal bis Karelien mit vorgeschobenen Vorposten in M-Europa. In Deutschland vor allem im nordwestlichen Tiefland, im Bodensee-Gebiet und in der Nieder- und Oberlausitz, vereinzelte Vorkommen an Teich- und Seengebieten vor allem in Sand- und Silikatlandschaften, insgesamt selten und nur örtlich etwas häufiger, vielfach vom Aussterben bedroht.

Isoetes lacustris L.
See-Brachsenkraut

Untergetaucht wachsende, kleine, 3 bis 20 cm hohe Rosettenpflanze, am Grund durch die Blattbasen zwiebelförmig verdickt. Blätter binsenförmig steif, dunkelgrün, kurz zugespitzt. Sporenbehälter blattachselständig, Großsporen höckerig. Sporenreife Juli bis September. Ausdauernd.

Vorkommen: In der Uferzone nährstoff- und sedimentarmer, klarer Seen bis 2,5 m (vereinzelt bis 10 m) Wassertiefe auf sandigem oder steinigem Grund, oft dichte Unterwasserbestände bildend. In Brachsenkraut-reichen Strandlings-Gesellschaften.

Verbreitung: Hauptverbreitung im nördlichen Europa, vereinzelt in einigen Klarwasserseen des übrigen Europa, in der Späteiszeit und frühen Nacheiszeit in M-Europa weit häufiger als heute. In Deutschland nur in einigen Seen Schleswig-Holsteins und des nordöstlichen Niedersachsen sowie im südlichen Schwarzwald. Vom Aussterben bedroht, an einigen früheren Vorkommen erloschen.

Sonstiges: Das ähnliche Stachelsporige Brachsenkraut (*I. echinospora* Dur.) mit hellgrünen weichen Blättern und feinbestachelten Großsporen kommt in Deutschland nur noch im südlichen Schwarzwald vor.

Lobelia dortmanna L.
Wasser-Lobelie

Wasserpflanze mit kurzem, kegelig-rübenförmigem Wurzelstock und rosettig angeordneten, dicklichen, linealischen, vorn stumpf abgerundeten Blättern. Blütenstengel 15 bis 80 cm hoch, über den Wasserspiegel hinausragend, mit 3 bis 8 gestielten, blaßblauen oder lila Blüten. Blütezeit Juni bis September. Ausdauernd (wintergrün).

Vorkommen: Im flachen Wasser nährstoff- und kalkarmer, mäßig bis schwach saurer stehender Gewässer auf nur mäßig schlammigem Sandgrund; frostempfindlich und an ein meeresnahes Klima gebunden, konkurrenzschwach. In Lobelien-reichen Strandlings-Gesellschaften und Kennart der Brachsenkraut-Lobelien-Gesellschaft (Isoeto-Lobelietum).

Verbreitung: W- und N-Europa und nördliches M-Europa von SW-Frankreich bis N-Rußland, außerdem im nördlichen N-Amerika. In Deutschland nur im nordwestlichen Flachland. Sehr selten und vom Aussterben bedroht, an zahlreichen früheren Fundorten bereits erloschen.

Sonstiges: In Südwesteuropa außerdem noch die ähnliche, aber noch stärker an ein atlantisches Klima gebundene *Lobelia urens* L. mit gezähnelten Blättern und sehr kurz gestielten aufrechten blauen Blüten. Von den nordamerikanischen *Lobelia*-Arten findet die Kardinals-Lobelie (*L. cardinalis* L.) mit leuchtend-roten Blüten, schon um 1625 als Zierpflanze nach Europa gebracht, Verwendung als Aquarienpflanze und als (frostempfindliche) Pflanze für Teiche und Feuchtbiotope der Gärten. Nicht zu den Wasser- oder Uferpflanzen gehört die als Beet- und Balkonpflanze bekannte einjährige *Lobelia erinus* L. ("Männertreu") aus S-Afrika.

Potamogeton gramineus L.
Gras-Laichkraut

Wasser- und Sumpfpflanze mit dünnem Wurzelstock und bei den Wasserformen bis 120 cm langen, meist aber sehr viel kürzeren Sprossen. Tauchblätter schmal-lanzettlich bis lanzettlich („grasblättrig"), Schwimmblätter oval oder elliptisch, 1 bis 6 cm lang, lederartig. Ähren 2 bis 3 cm lang, mäßig dicht. Blütezeit Juni bis August. Ausdauernd.

Vorkommen: In flachen stehenden Gewässern mit klarem, nährstoffarmem Wasser bis 120 cm Wassertiefe auf sandigem oder torfigem Grund, zeitweiliges Trockenfallen ertragend und dann Landformen ausbildend. In Kleinlaichkraut-Gesellschaften, oftmals eigene Bestände (Potametum graminei) bildend, gern auch in Schlenken von Zwischenmooren und Großseggen-Rieden, hier oft in Kleinwasserschlauch-Gesellschaften; an trockenfallenden Ufern nährstoffärmerer Gewässer in Strandlings-Gesellschaften.

Verbreitung: In den gemäßigten und kühlen Zonen der nördlichen Erdhalbkugel weit verbreitet. In Deutschland im Flachland und in den Talniederungen zerstreut bis selten, sonst nur vereinzelt und auf große Strecken hin völlig fehlend. Stark gefährdet und vielfach schon verschwunden.

Luronium natans (L.) Rafin.
(*Elisma natans* (L.) Buchenau)
Froschkraut

Wasserpflanze mit dünnem Wurzelstock, Unterwasserblätter bandförmig, Schwimmblätter lang gestielt mit länglich- elliptischer bis breit ovaler, 2 bis 3 cm langer und 1 bis 1,5 cm breiter Spreite. Blütenstand flutend, Blüten zwitterig, 3 Kronblätter, weiß, am Nagel gelb. Blütezeit Mai bis August. Ausdauernd.

Vorkommen: In flachen, stehenden oder schwach fließenden Gewässern mit nährstoffarmem bis mäßig nährstoffreichem klarem, kalkarmem, aber oft sulfat- und eisenreichem Wasser auf schlammigem bis kiesig-sandigem Grund; konkurrenzschwach, gern in Pioniergesellschaften neuangelegter oder neuausgebauter Gräben, sonst in Strandlings-Gesellschaften und in ärmeren Ausbildungen von Kleinlaichkraut-Gesellschaften.

Verbreitung: W-Europa, nordwärts bis S-Norwegen und S-Schweden, ostwärts vereinzelt bis in das westliche O-Europa, in S-Europa fehlend. In Deutschland Schwerpunkt im nordwestlichen Flachland, von dort in Auflockerung bis zur Oder. Stark gefährdet und zahlreiche Fundorte bereits erloschen, die meisten Vorkommen heute noch im Emsland und im Gebiet der unteren Schwarzen Elster.

Sonstiges: Die Art wird auch als Aquarienpflanze gezogen („Unechte Blyxa“).

Juncus bulbosus L.
Knollen-Binse, Zwiebel-Binse

Niedrige Binsen-Art, sowohl als untergetauchte Wasserpflanze mit bis 2 m langen Sprossen als auch als dicht-rasige, 10 bis 20 cm hohe Uferpflanze wachsend, an den Knoten wurzelnd. Blätter dünn, borstlich, Blütenstand doldenartig verzweigt, sehr vielgestaltig, Köpfchen 2 bis 16 blütig. Perigonblätter 2,5 bis 4 mm lang, länglich, grün oder rötlich überlaufen, bei der Unterart *kochii* kastanienbraun. Blütezeit Juli bis September. Ausdauernd.

Vorkommen: Im flachen (bis 2,4 m tiefen) Wasser oder am Ufer nährstoffarmer Gewässer mit mäßig bis stärker saurem Wasser auf kalkarmen Sand- oder Torfschlamm-Böden; Pionierpflanze und oftmals eigene Bestände bildend; in den sauren Braunkohlenbergbau-Gewässern meist die einzige Wasserpflanze und dort mitunter ausgedehnte Flächen einnehmend, sonst vor allem in Strandlings-Gesellschaften sowie in Zwergbinsen-Fluren.

Verbreitung: Fast ganz Europa, ferner in NW- und O-Afrika, Azoren und Neufundland, in Neuseeland eingebürgert. In Deutschland im Flachland und in den Silikat-Gebirgen verbreitet und vielfach häufig, sonst zerstreut bis selten und gebietsweise (vor allem in Kalkgebieten) fehlend.

Sonstiges: Die je nach Standort recht vielgestaltige Art kommt in den Unterarten *bulbosus* und *kochii* (F. Schultz) Reichgelt vor, letztere meist kräftiger und höher, die Blüte oft lebhaft gefärbt.

Juncus alpino–articulatus
Chaix
(*Juncus alpinus* Vill.)
Gebirgs-Binse, Alpen-Binse

25 bis 60 cm hohe, vielgestaltige Binsen-Art mit kriechendem Wurzelstock, Stengel meist mit 2 Blättern, Blätter stielrund-zusammengedrückt, derb, Spirre meist vielköpfig, Köpfchen klein, dunkel, Perigonblätter dunkelrotbraun, die äußeren stachelspitzig, Kapsel schwarzbraun. Blütezeit Juli bis August. Ausdauernd.

Vorkommen: Die Alpensippe besonders in Flach- und Quellmooren, an Bach- und Flußufern in alpinen Schwemmufer-Gesellschaften, die Flachland-Sippe besonders an Heideseen und -tümpeln, in Heidesenken, in feuchtem Grünland an Ausstichen und Störstellen, auf nährstoffarmen aber basenreichen offenen Sand- und Anmoorböden; Pionierpflanze, oft in lockeren Beständen (*Juncus alpino-articulatus*–Gesellschaft), ferner in Kleinseggen-Gesellschaften, Pfeifengras-Beständen und Feuchtheiden.

Verbreitung: In den gemäßigten Zonen Eurasiens weit verbreitet. In Deutschland vor allem in den Sandgebieten des Flachlandes, im Oberrheingebiet, im Alpenvorland und in den Alpen, sonst selten und gebietsweise völlig fehlend. Stark gefährdet und zahlreiche Vorkommen bereits erloschen.

Carex oederi Retz.
(*Carex serotina* Mér.)
Oeders Gelb-Segge

Niedrige Seggen-Art aus der Gruppe der Gelb-Seggen (*C. flava*) mit aufrechtem, 5 bis 15 cm hohem Stengel, Blätter hell- bis gelbgrün, 1,5 bis 3 mm breit, rinnig gefaltet. Blütenstand mit 2 bis 5 gehäuft zusammenstehenden weiblichen Ähren und einer sitzenden männlichen Ähre, Früchte 2 bis 3 mm lang mit höchstens 1 mm langem Schnabel. Blütezeit April bis September. Ausdauernd.

Vorkommen: In Flachmooren, auf feuchten Wegen, in Ausstichen und an den Ufern stehender Gewässer auf wechselnassen bis wechselfeuchten, nährstoff- und kalkarmen, mäßig bis schwach sauren Torf- und humosen Sandböden. Pionierpflanze; in lückigen und gestörten Kleinseggen- und offenen Strandlings-Gesellschaften.

Verbreitung: In den gemäßigten Zonen Eurasiens weit verbreitet, südwärts bis NW-Afrika. In Deutschland im Flachland, im Alpenvorland und im Bayerischen Wald zerstreut, stellenweise auch häufiger, sonst selten und gebietsweise fehlend. Gefährdet und teilweise bereits verschwunden.

Sonstiges: In Flach- und Quellmooren auf sickernassen bis feuchten, meist kalkreichen Böden auch die anderen Arten der *Carex flava*-Gruppe, so die eigentliche Gelb-Segge (*C. flava* L.), Früchte 5 bis 6 mm lang, allmählich in den bis 2,5 mm langen gekrümmten Schnabel übergehend, Blätter 3 bis 5 mm breit, Höhe 30 bis 70 cm; die Schuppen-Segge (*C. lepidocarpa* Tausch), Früchte 4 bis 5 mm lang, grünlich, plötzlich in den geraden Schnabel zusammengezogen, Blätter 2 bis 3 mm breit, Höhe 15 bis 40 cm; die Grün-Segge (*C. demissa* Hornemann), Höhe 10 bis 20 cm, Früchte 2 bis 4 mm lang, mit kurzem, bis 1,5 mm langem geradem Schnabel, Blätter 2 bis 4 mm breit, grün, letztere mitunter auch im Uferbereich kalkmesotropher Seen auf durchfeuchtetem Sand.

Carex lasiocarpa Ehrhart
(*Carex filiformis* Good.)
Faden-Segge

Hochwüchsige Ausläufersegge mit 30 bis 100 cm hohem Stengel, Blätter 1 bis 1,5 mm breit, binsenartig, dunkelgrün, Blütenstand 8 bis 20 cm lang, mit 1 bis 3 seitlichen weiblichen und an der Spitze mit 1 bis 3 männlichen Ährchen, Fruchtschläuche behaart. Blütezeit Mai bis Juni. Ausdauernd.

Vorkommen: In Zwischenmooren und an Ufern stehender Gewässer, im flachen Wasser und auf nassen, mäßig nährstoffreichen, sauren Torf- und Sandböden. Kennart des Fadenseggen-Moores, aber auch in anderen Zwischenmoor-Gesellschaften oder in artenarmen Beständen an den Schwingkanten von Moorgewässern und in ärmeren Ausbildungen lockerer Röhricht- und Großseggen-Gesellschaften.

Verbreitung: In den gemäßigten und kühlen Zonen der nördlichen Erdhalbkugel weit verbreitet, in Europa südwärts bis in die Pyrenäen, den N-Apennin und die nördliche Balkan-Halbinsel. In Deutschland im Flachland und im Alpenvorland zerstreut, örtlich häufiger, sonst selten und streckenweise völlig fehlend. Stark gefährdet und stellenweise bereits erloschen.

Sonstiges: Oft mit dieser Art vergesellschaftet ist die zur Gruppe der Gleichährigen Seggen gehörende Draht-Segge (*C. diandra* Schrank), Stengel 20 bis 50 cm hoch, unten rund, Blätter 1 bis 2 mm breit, hohlrinnig, Blütenstand 1,5 bis 3 cm lang, nur am Grunde rispig, sonst traubig, Spelzen rotbraun mit weißem Rand, Staubblätter 3, untere Blattscheiden glänzend braun. In Deutschland im Flachland bis in mittlere Gebirgslagen meist selten, überall im Rückgang begriffen und stark gefährdet.

Sparganium minimum Wallroth
Zwerg-Igelkolben

Meist auf der Wasseroberfläche schwimmende oder untergetaucht flutende, niedrige Wasserpflanze. Blätter 15 bis 45 cm lang, 3 bis 5 mm breit, flach, gelblichgrün, entweder untergetaucht oder auf dem Wasserspiegel schwimmend, bei Landformen gebogen aufrecht. Blütenstand 1,5 bis 8 cm lang, mit 1 bis 2 weiblichen und 1 männlichen Köpfchen, Blüten weißlichgelb. Blütezeit Juni bis August. Ausdauernd.

Vorkommen: In nährstoffarmen bis mäßig nährstoffreichen, mäßig sauren Heide- und Moorgewässern und in Schlenken mit flachem Wasser, zeitweiliges Trockenfallen ertragend und dann auf schlammigem, torfigem oder sandigem Grund wachsend. In Kleinwasserschlauch-Gesellschaften und Kennart der Zwergigelkolben-Gesellschaft, auch in ärmeren Ausbildungen von Froschbiß-, Laichkraut- und Schwimmblatt-Gesellschaften.

Verbreitung: Gemäßigte und kühle Zonen der nördlichen Erdhalbkugel. In Deutschland im Flachland und im Alpenvorland zerstreut, sonst selten und streckenweise gänzlich fehlend. Stark gefährdet und regional vom Aussterben bedroht, an vielen Fundorten bereits erloschen.

Ranunculus ololeucos Lloyd
Reinweißer Hahnenfuß

Aufrecht-ausgebreitete Wasserformen und niederliegende Landformen bildender Wasserhahnenfuß, Tauchblätter wechselständig, stark zerteilt mit sehr feinen Einzelsegmenten, Schwimmblätter gegen- oder wechselständig, Spreite bis 30 mm breit, nierenförmig bis fast kreisrund, tief 3-(5-)lappig, Blattrand glatt oder gekerbt. Blüten mittelgroß, Kronblätter 7 bis 15 mm lang, sich nicht berührend, reinweiß, nur bei den nordspanisch-portugiesischen Populationen (*R. lusitanicus* Freyn) gelb gefleckt, Nektargruben halbmondförmig. Blütezeit März bis Mai. Zweijährig bis ausdauernd, selten auch einjährig.
Vorkommen: In und an stehenden nährstoffärmeren, mäßig bis schwach sauren Gewässern, insbesondere Heidetümpeln und Moorgräben, im flachen Wasser des Uferbereichs auf Sand (seltener Torf) mit geringer bis starker Schlammauflage, gelegentliches Trockenfallen ertragend und dann Landformen ausbildend. Eine eigene Gesellschaft (Ranunculetum ololeuci) bildend; auch in anderen Strandlings-Gesellschaften.
Verbreitung: W-Europa von Portugal nordwärts bis ins nordwestliche M-Europa, auf den britischen Inseln fehlend. In Deutschland nur im westlichen Niedersachsen und im nordwestlichen Nordrhein-Westfalen. Sehr selten (wenn auch örtlich mitunter reichlich), durch Kultivierung und Eutrophierung stark zurückgegangen, vom Aussterben bedroht.

3 Nährstoffarme Moorgewässer

Die Gewässer innerhalb von nährstoffarmen Torfmoos-Mooren wie auch von mäßig nährstoffreichen moos- und kleinseggenreichen Zwischenmooren – Moorkolke, Moorseen, nasse Randzonen (Laggs), Moorschlenken, Moorgräben und Torfstiche – sind nährstoffarm und meist mehr oder weniger sauer, manche von ihnen durch austretende Huminsäuren auch braun gefärbt (dystroph). Als Substrat steht den hier wachsenden Pflanzen meist nur zersetzter Hoch- und Zwischenmoortorf bzw. Torfschlamm zur Verfügung. Dazu kommt noch, daß die Moore aufgrund ihrer Bodenverhältnisse und ihrer Lage – viele Moore gelten geradezu als Frostlöcher – besonders kalte Standorte darstellen. So sind in und an den Moorgewässern hauptsächlich Pflanzen mit besonderen Standortsansprüchen zu finden. Viele von ihnen haben ihre Hauptverbreitung in den Taiga-

Moorweiher eines Kesselmoores.

Verwachsener Torfstich.

und Tundrenzonen des hohen Nordens und gelten in Mitteleuropa als Eiszeitrelikte, zumal sich ihre Überreste in den Moorablagerungen bis in die tiefsten Schichten hinein nachweisen lassen.

Die Verlandung der typischen Moorgewässer verläuft anders als die der nährstoffreichen Gewässer. Flutende Torfmoos-Decken schieben sich vom Rande her auf die offene Wasserfläche vor, unterstützt von ausläuferbildenden Moorpflanzen, wie Wassernabel, Fieberklee und Sumpf-Blutauge. Anstelle eines Großröhrichts gibt es einen Saum aus Schlamm- und Fadensegge. In den Moorseen wachsen an untergetauchten Wasserpflanzen meist nur einige Wassermoos-Arten (*Drepanocladus, Calliergon*), an Schwimmblatt-Pflanzen nur lockere Gruppen der Gelben Teichrose und der Weißen Seerose, letztere oft in kleinblättrigen und kleinblütigen Hungerformen. Nur auf wenigen Moorseen findet sich auch noch die Zwerg-Teichrose. Die nassen Moorschlenken sind der Standort des Schnabelsimsen-Rieds mit Weißer und Brauner Schnabelsimse, Blasenbinse, Sumpf-Bärlapp und Mittlerem Sonnentau. In Torfstichen und Moorgräben treten stellenweise auch Flutende Tauchsimse, Flutender Sellerie und Knöterich-Laichkraut in Erscheinung. An etwas nährstoffreicheren Standorten kommen meist auch schon zahlreiche Arten mäßig nährstoffreicher (mesotropher) und nährstoffreicher (eutropher) Gewässer hinzu (die sogenannten Mineralbodenwasseranzeiger), so daß die Vegetation der Moorgewässer insgesamt recht unterschiedlich ist.

Hydrocotyle vulgaris L.
Wassernabel

Niedrige Sumpfpflanze mit kriechenden, an den Knoten wurzelnden, 15 bis 40 (bis 200) cm langen Stengeln und gestielten, schildförmigen Blättern, Blattspreite im Umriß fast kreisrund, 15 bis 40 mm im Durchmesser, am Rande schwach gekerbt. Die sehr kleinen Blüten sitzen in armblütigen kopfigen Dolden, Kronblätter weiß oder rötlich. Blütezeit Juli bis August. Ausdauernd.

Vorkommen: In Flachmooren, auf Sumpf- und Moorwiesen und an den Rändern nährstoffärmerer Gewässer; an diesen oftmals mit langen Ausläufern sich über die Wasserfläche ausbreitend und Wasserformen entwickelnd, sonst auf nassen bis feuchten, mitunter überschwemmten, nährstoffarmen, mäßig sauren Torf- und humosen Sandböden. Schwerpunkt in Kleinseggen-Sumpfwiesen, auch in Zwischenmooren und Schwingrasen, in ärmeren Großseggen-Rieden, Pfeifengraswiesen und Bruchwäldern.

Verbreitung: W- und M-Europa bis südliches N-Europa, im südlichen Europa nur vereinzelt, ebenso in NW-Afrika und im Kaukasusgebiet; Vorkommen in Neuguinea und Australien sind fraglich. In Deutschland im Flachland meist häufig, im Hügel- und Gebirgsland selten und nur örtlich etwas häufiger, jedoch mancherorts bereits erloschen, auf große Strecken hin fehlend.

Calla palustris L.
Sumpf-Schlangenwurz, Schweinsohr

Mäßig hohe Sumpfpflanze mit kriechendem, bis 50 cm langem, ziemlich dickem Wurzelstock, Blätter dem Wurzelstock büschelig gehäuft entspringend, bis 30 cm lang gestielt, mit 4 bis 11 cm breiten, herzförmigen glänzenden Spreiten. Die unscheinbaren Blüten sitzen dicht beieinander in einem 2 bis 3 cm langen Kolben, der von einer großen, außen grünlichen, innen weißen Blütenscheide (Spatha) umgeben wird. Früchte beerenartig, scharlachrot. Blütezeit Mai bis Juli. Ausdauernd.
Vorkommen: An den Ufern von stehenden Gewässern, in Randzonen, Tümpeln und Schlenken von Mooren und in armen Bruchwäldern, auf nassen, zeitweilig oder stets überschwemmten, mäßig nährstoffreichen, oft noch wenig verfestigten Torfschlamm- und Torfböden, z.T. auch im Wasser flutend; Kennart des Schlangenwurz-Schwingrasens (Calletum palustris), auch im Wasserschierlings-Ried, in der Fieberklee-Gesellschaft und im Schnabelseggen-Ried, in nassen Ausbildungen von Kleinseggen-Mooren, Weidengebüschen und ärmeren Erlenbruchwäldern.
Verbreitung: In den kühlen und gemäßigten Zonen der nördlichen Erdhalbkugel weit verbreitet, in Europa bis etwas nördlich des Polarkreises, jedoch in großen Teilen W-Europas und in ganz S-Europa fehlend, in SO-Europa nur vereinzelt in den Karpaten. In Deutschland im Flachland meist zerstreut bis selten, sonst sehr selten.

Scheuchzeria palustris L.
Blasenbinse

Niedrige, 10 bis 20 cm hohe Moorpflanze mit langen unterirdischen Ausläufern, Blätter hohlrinnig, 10 bis 30 cm lang, Blüten klein, gelblichgrün, in 3- bis 10blütiger lockerer Traube, charakteristisch die aufgeblasen kugeligen bis schief-eiförmigen gelbgrünen Balgfrüchtchen. Blütezeit Mai bis Juni. Ausdauernd.

Vorkommen: In Schwingrasen am Rande von Moorgewässern und in Moorschlenken auf stets nassen, meist noch wenig verfestigten sauren und nährstoffarmen Torfschlamm-Böden zwischen Torfmoosen. Kennart des Blasenbinsen-Schwingrasens (Cuspidato-Scheuchzerietum bzw. Caricetum limosae); auch in nassen Ausbildungen von Hochmoor-Bultgesellschaften.

Verbreitung: Moorgebiete der Tundren- und Nadelwaldzonen der nördlichen Erdhalbkugel (in N-Amerika meist in der Unterart *americana*), auch (vielfach als Eiszeitrelikt) in den Mooren der gemäßigten Zonen, besonders in den Gebirgen, im Mittelmeergebiet fehlend. In Deutschland in den Mooren des Tieflands, einiger silikatischer Mittelgebirge, des Alpenvorlandes und der Alpen (bis 1910 m). Meist selten, örtlich etwas häufiger, sonst weithin fehlend. Stark gefährdet, viele frühere Vorkommen bereits erloschen.

Sonstiges: Durch ihre charakteristischen Früchte, aber auch durch die etwa 0,5 bis 0,75 cm breiten glänzenden Rhizome mit häufig behaarten Knoten und nichtgewellten Epidermiswänden leicht kenntlich, ist die Blasenbinse eine Leitart für Torfablagerungen oligotroph-dystropher Übergangsmoore (*Scheuchzeria*-Torf). Vor allem zu Beginn der älteren Hochmoorzeit war *Scheuchzeria* stark an der Torfbildung beteiligt. In NW-Deutschland bildet der über Bruchwaldtorf liegende *Scheuchzeria*-Torf oft den Übergang zur Hochmoorphase.

Carex limosa L.
Schlamm-Segge

Mäßig hohe Moorpflanze mit sehr langen ober- und unterirdischen Ausläufern, Stengel 20 bis 40 cm hoch, nur am Grunde beblättert. Blätter borstenförmig, rauh, Blütenstand aus einem endständigen männlichen und 1 bis 2 langgestielten und nickenden, vielblütigen weiblichen Ährchen. Blütezeit April bis Juni. Ausdauernd.

Vorkommen: In Schwingkanten von Moorgewässern, in Schlenken von Hoch- und Zwischenmooren auf nassen, nährstoffarmen, mitunter noch wenig verfestigten Torfböden, Kennart des Blasenbinsen-Schwingrasens, auch in der Schnabelbinsen-Gesellschaft, im Drahtseggen- und im Fadenseggen-Moor.

Verbreitung: In den Moorgebieten der borealen und der gemäßigten Zonen der nördlichen Erdhalbkugel weit verbreitet, in Europa nordwärts bis 71 °C nördlicher Breite, südwärts bis zu den Pyrenäen, N-Italien und nördl. Balkanhalbinsel. In Deutschland in den Moorgebieten des Flachlandes, einiger Mittelgebirge und des Alpenvorlandes zerstreut bis selten, in den moorarmen Gebieten weithin fehlend. Viele frühere Vorkommen bereits erloschen.

Sonstiges: Die ähnliche arktisch-alpine Riesel-Segge (*C. magellanica* Lam. subsp. *irrigua* (Wahlenb.) Hiit.) mit bis 4 mm breiten flachen Blättern, 10 bis 30 cm hoch, als Seltenheit in Flach- und Quellmooren der Alpen und des Bayerischen Waldes.

In Zwischenmoorschlenken und Schwingrasen ferner die ebenfalls sehr seltene Fadenwurzel-Segge (*C. chordorrhiza* Ehrh.), eine 5 bis 15 cm hohe gleichährige Segge mit 2 bis 5 kopfig-traubig gedrängten Ähren, 1 bis 2 mm breiten Blättern und oberirdischen Ausläufern.

Lycopodiella inundata (L.) Holub
(*Lycopodium inundatum* L.)
Sumpf-Bärlapp

Niedrige Sumpfpflanze mit auf dem Boden entlangkriechenden, gabelig verzweigten, hell- bis gelbgrünen, nur 2 bis 10 cm langen Sprossen, Blätter wechselständig, schmal lanzettlich, spitz. Sporangienähre einzeln auf der Spitze sich aufrichtender Triebe, 4 bis 8 cm lang, breiter als der Sproß, im Sommer erscheinend. Ausdauernd.

Vorkommen: In Schlenken von Hoch- und Zwischenmooren, am Ufer von Heideseen und -tümpeln, in Ausstichen und Dünentälern auf meist offenen, nassen bis feuchten, nährstoffarmen, sauren Torf- und Sandböden, oft sehr gesellig und in Mengen erscheinend, konkurrenzschwach und bei zunehmender Bewachsung des Bodens, aber auch bei zunehmender Austrocknung des Standortes verschwindend. Kennart der Schnabelsimsen-Gesellschaft; auch in Pionierstadien.

Verbreitung: Gemäßigte Zonen Europas, N-Amerikas und Japans, nach Süden hin seltener werdend. In Deutschland vor allem in den Heide- und Moorgebieten des Tieflandes und des Alpenvorlandes zerstreut bis selten, sonst nur vereinzelt in einigen silikatischen Mittelgebirgen. Stark gefährdet, viele frühere Vorkommen erloschen.

Hypericum maius (A. Gray) Britton
Größeres Hartheu, Moor-Johanniskraut

Eine niedrige Sumpfpflanze mit aufrechtem, vierkantigem, 10 bis 35 cm hohem Stengel. Blätter gegenständig, länglich-lanzettlich, 15 bis 35 mm lang und 6 bis 12 mm breit. Blüten in einer endständigen Scheindolde, 6 bis 8 mm im Durchmesser, blaßgelb. Blütezeit Juli bis September. Ein- oder mehrjährig.

Vorkommen: An den Rändern von Kiesgruben oder in Schlenken von Mooren auf feuchten bis nassen, mäßig sauren Sand- und Torfböden; in Pioniergesellschaften der Uferstreifen oder in lückigen Groß- und Kleinseggen-Gesellschaften, mitunter zusammen mit Arten der Zwergbinsen-Fluren.

Verbreitung: Heimisch in N-Amerika (südl. Kanada, nördl. USA). Nach 1945 nach Europa eingeschleppt und an einigen Stellen in W- und M-Europa eingebürgert, in Deutschland bei Weiden (Oberpfalz) und bei Sperenberg (Brandenburg).

Sonstiges: Außer dieser Art wurden noch drei weitere nordamerikanische einjährige *Hypericum*-Arten nach Europa eingeschleppt: 1. *H. canadense* L., 10 bis 25 cm hoch, reichlich verzweigt, mit linealischen, 2 bis 4 mm breiten Blättern, Blüten 4 bis 7 mm breit, seit 1909 in den Niederlanden, seit 1954 in W-Irland am Rande von Torfstichen und kleinen Moorbächen sowie in lückigen Feuchtheiden beobachtet. 2. *H. mutilum* L., seit 1834 in M-Italien eingebürgert, vorübergehend auch auf einigen Mooren im östlichen Mitteleuropa (Warthegebiet). 3. *H. gymnanthum* Engelm. et Gray, zusammen mit voriger Art um 1885 auf 2 nährstoffarmen Zwischenmooren in der Forst Wronke (Polen).

Rhynchospora alba (L.) Vahl
Weiße Schnabelsimse

Mäßig hohe Sumpf- und Moorpflanze mit 15 bis 40 cm hohem beblättertem Stengel, Blätter 1 bis 2 mm breit, am Rande rauh, Ährchen in end- oder seitenständigen Knäueln, diese etwa so lang wie ihre Tragblätter, 0,5 bis 1 cm lang, Spelzen weiß, später rötlich bis bräunlich. Blütezeit Juni bis August. Ausdauernd.

Vorkommen: In Torfmoos-Schwingrasen in Moorschlenken oder an den Verlandungsäumen von Moorgewässern auf nassen, wenig verfestigten nährstoff- und kalkarmen Torfschlammböden, auch auf feuchtem Sand am Ufer nährstoffarmer Heideseen und -tümpel anzutreffen. Kennart der Schnabelsimsen-Gesellschaft; jedoch auch in anderen Moor- und Ufergesellschaften armer Standorte.

Verbreitung: Moor- und Heidegebiete fast ganz Europas, Sibiriens und N-Amerikas, nach Süden hin seltener oder fehlend. In Deutschland im Flachland sowie im Voralpenland verbreitet, jedoch meist nur zerstreut, stellenweise auch selten oder fehlend, sonst – vor allem in den Mooren silikatischer Mittelgebirge – selten, auf große Strecken hin gänzlich fehlend. Vielfach gefährdet und stellenweise bereits verschwunden.

Sonstiges: An gleichen Standorten, aber seltener und auf das atlantische Gebiet beschränkt, die Braune Schnabelsimse (*Rh. fusca* (L.) Ait.f.) mit gelben bis rotbraunen Spelzen, Tragblätter die Blütenknäuel um das 3 bis 4fache überragend.

Drosera intermedia Hayne
Mittlerer Sonnentau

Rosettig wachsende niedrige Sumpf- und Moorpflanze, 3 bis 10 cm hoch, Blattstiele aufrecht abstehend oder schief aufwärts, Blattspreiten 5 bis 10 mm lang, verkehrt-eiförmig bis spatelig, oberseits und am Rande mit purpurroten reizempfindlichen und beweglichen, an der Spitze meist mit einen klebrigen hellen Sekrettropfen tragenden Drüsenhaaren besetzt. Blütenstengel aus liegendem Grund bogig aufsteigend, so lang wie oder nur wenig länger als die Blätter, später etwas verlängert; Blüten klein, weiß, in 3- bis 7blütigen Scheintrauben. Blütezeit Juli bis August. Ausdauernd.

Vorkommen: In Moorschlenken und in Schwingkanten von Moorgewässern, zwischen Torfmoosen auf wenig verfestigten, nassen, nährstoffarmen sauren Torfschlammböden, auch auf mehr oder weniger nacktem Grund auf wechselnassen bis frischen Sand- und Torfböden am Rande von Heideseen, in Ausstichen und Wildschweinsuhlen. Meist gesellig und mitunter Massenbestände bildend, oft mit Rhynchospora-Arten und Kennart der Schnabelsimsen-Gesellschaft, auch in Feuchtheiden und in Strandlings-Gesellschaften.

Verbreitung: In den kühlgemäßigten Zonen der nördlichen Erdhalbkugel weit verbreitet, nach Süden hin seltener und meist auf Gebirge beschränkt. In Deutschland vor allem in den Moor- und Heidegebieten des Flachlandes und des Alpenvorlandes verbreitet, sonst nur vereinzelt.

Eleogiton fluitans (L.) Link
(*Scirpus fluitans* L., *Isolepis fluitans* (L.) R. Brown)
Flutende Tauchsimse

Wasser- und Sumpfpflanze mit bis 130 cm langen, im Wasser flutenden oder (dann nur 15 bis 30 cm hohen) im Schlamm kriechenden Sprossen. Stengel dünn, 1 mm dick, oberwärts stark ästig und beblättert, Blätter 2 bis 10 cm lang, schmal fadenförmig oder borstlich, hellgrün. Ährchen einzeln an den Enden von langen achselständigen Stielen. Blütezeit Juni bis September. Ausdauernd.
Vorkommen: In flachen stehenden oder langsam fließenden Moor- und Heidegewässern, insbesondere in Gräben, mit nährstoffarmem bis mäßig nährstoffreichem, klarem bis bräunlichem Wasser auf sandig-schlammigem bis torfigem Untergrund. Konkurrenzschwach und durch gelegentliches Entkrauten der Gräben gefördert, zeitweiliges Trockenfallen ertragend und dann Landformen mit gedrängterem Wuchs und strafferen Stengeln und Blättern bildend. Kennart der Tauchsimsen-Gesellschaft (Scirpetum fluitantis), auch in anderen Strandlings-Gesellschaften.
Verbreitung: Im atlantischen Europa von Portugal bis S-Schweden, S- und O-Afrika, Madagaskar, S-Asien, Australien und Tasmanien. In Deutschland Hauptverbreitung im nordwestlichen Tiefland ostwärts bis Altmark, Prignitz und Mecklenburg, vorgeschobene Vorkommen im Gebiet der unteren Schwarzen Elster und der Niederlausitz. Stark gefährdet; viele Vorkommen bereits erloschen.

Apium inundatum (L.) Rchb. fil.
Flutender Sellerie

Wasser- und Sumpfpflanze mit 25 bis 75 cm langen, meist im Wasser flutenden Stengeln, Tauchblätter 3 bis 4 fach bis doppelt gefiedert mit haarfeinen Zipfeln, 4 bis 9 cm lang, Überwasserblätter einfach gefiedert, Teilblätter keil- bis rautenförmig. Dolden doppelt zusammengesetzt, klein, meist nur mit 2 bis 3 Dolden 2. Ordnung, an diesen Tragblätter (Hüllchen) stets vorhanden, Kronblätter 0,5 mm lang, weiß. Blütezeit Juni bis Juli. Ausdauernd.

Vorkommen: In flachen, nährstoffarmen und kalkfreien Gewässern, wie Gräben, Tümpel und Schlenken in Moorgebieten und Dünentälern, im Wasser flutend oder am Ufer kriechend auf humosen bis torfigen Schlamm- und Sandböden in wintermild-humider Klimalage. Konkurrenzschwach und daher gern als Pionierpflanze, in Strandlings-Gesellschaften und örtlich Kennart einer Apium inundatum-Gesellschaft, auch in ärmeren Ausbildungen von Kleinlaichkraut-Gesellschaften.

Verbreitung: Atlantisches W-Europa nordwärts bis Schottland und S-Schweden, im Mittelmeergebiet vereinzelt in Italien und NW-Afrika, ferner in S-Afrika. In Deutschland vor allem im nordwestlichen Tiefland, ostwärts vereinzelt bis zur Altmark und Pommern, die Nieder- und Oberlausitz und die Oberrheinische Tiefebene. Stark gefährdet und vielerorts bereits verschwunden.

Potamogeton polygonifolius

Pourret
(*Potamogeton oblongus* Viviani)
Knöterich-Laichkraut

Schwimmblattpflanze mit im Boden kriechendem Wurzelstock und bis 60 cm langen Sprossen, Tauchblätter lanzettlich, sehr dünn und durchsichtig, Schwimmblätter elliptisch-lanzettlich, 1,5 bis 3,5 cm breit und 2 bis 6 cm lang, ledrig, nicht durchscheinend. Blüten in einer 1 bis 2 cm langen lockeren Ähre. Blütezeit Juni bis August. Ausdauernd.

Vorkommen: In flachen Moorgewässern, wie Tümpeln, Schlenken, Gräben und Torfstichen mit nährstoffarmem, klarem oder bräunlich gefärbtem Wasser auf kalkarmen, mäßig sauren Torfschlamm- oder Sandböden; zeitweiliges Trockenfallen ertragend, dann Ausbildung von Landformen. Eine eigene Gesellschaft (Hyperico-Potametum oblongi) bildend oder in anderen Strandlings-Gesellschaften, auch in ärmeren Seerosenbeständen und Kleinwasserschlauch-Gesellschaften.

Verbreitung: In Europa Schwerpunkt in den Heide- und Moorgebieten W- und S-Europas, von hier bis Norwegen, Lettland, Schlesien, Kleinasien und N-Afrika ausstrahlend; in Amerika nur an der Ostküste von Neufundland. In Deutschland vor allem im nordwestlichen Flachland sowie entlang der Ostseeküste und im Altmoränengebiet der Nieder- und Oberlausitz, sonst nur einige zerstreute Vorkommen im Rheingebiet (südlich bis zur Pfalz) und im unteren Maingebiet. Stark gefährdet und vielerorts im Rückgang begriffen.

Nuphar pumila (Timm) DC.
Zwerg-Teichrose

Schwimmblattpflanze mit dickem Wurzelstock, Schwimmblätter 70 bis 150 cm lang gestielt, oval, Spreite 4 bis 15 cm lang und 3,5 bis 13 cm breit, unterseits behaart. Blüte klein, 1,4 bis 2,5 cm im Durchmesser, gelb. Blütezeit Juni bis September. Ausdauernd.

Vorkommen: Vorwiegend in Moor- und Gebirgsseen, jedoch auch in Kleingewässern der Grundmoränenlandschaft mit mäßig nährstoffreichem, schwach saurem Wasser über Torfschlamm-Böden in Wassertiefen von 50 bis 150 cm; Kennart der Zwerg-Teichrosen-Gesellschaft (Nupharetum pumilae).

Verbreitung: Art der Nadelwaldzone Eurasiens von Schottland bis Japan, außerhalb dieser zerstreute Vorkommen im nördlichen Flachland und einigen höheren Gebirgen. In Deutschland sehr selten, nur noch vereinzelt in Mecklenburg, im südlichen Schwarzwald, im Alpenvorland und in den Alpen. Stark gefährdet und mancherorts bereits verschwunden.

Sonstiges: Die Art bildet mit *N. lutea* den Bastard *N.* × *intermedia* Ledeb. (= *N.* × *spennerana* Gaudin), welcher an manchen Vorkommen heute vorherrscht oder nur noch vorhanden ist.

Menyanthes trifoliata L.
Fieberklee, Bitterklee

Halbuntergetaucht oder terrestrisch wachsende Sumpfpflanze mit kriechendem Wurzelstock, an dessen Spitze ein Schopf von 3 bis 4 über die Wasseroberfläche bzw. den Untergrund hinausgehobenen langgestielten, insgesamt 20 bis 40 cm langen Blättern entspringt, Blattspreite 3teilig, Teilblätter verkehrteiförmig bis oval, 4 bis 7 cm lang. Blüten in einem langgestielten 10 bis 30blütigen traubigen Blütenstand, Kronblätter außen rosa, innen blasser bis weiß mit 5 ausgebreiteten weißbärtigen Zipfeln, etwa 1,5 cm im Durchmesser. Frucht eine zweiklappige Kapsel. Blütezeit Mai bis Juni. Ausdauernd.

Vorkommen: In Moorgräben und Moorschlenken, im Verlandungssaum ärmerer Gewässer, in der nassen Randzone von Hochmooren und in nassen Flach- und Zwischenmooren auf nassen, ständig oder zeitweilig überschwemmten mäßig nährstoffreichen, kalkarmen und mäßig sauren Torfschlamm-, Torf- und humosen Tonböden; Schwerpunkt in Flach- und Zwischenmoor-Gesellschaften, auch in ärmeren Großseggen-Rieden und Röhrichten, mitunter bestandsbildend.

Verbreitung: In den kühlen bis gemäßigten Zonen der nördlichen Erdhalbkugel weit verbreitet mit Schwerpunkt in der borealen Nadelwaldzone. In Deutschland zerstreut bis häufig, gebietsweise jedoch auch selten und streckenweise fehlend.

Sonstiges: Durch den Gehalt an mehreren Bitterstoffen wird der Fieberklee seit langem als Arzneipflanze genutzt, die stark anhaltend bitter schmeckende Droge besteht aus den getrockneten und zerkleinerten Blättern. Früher wurde sie vor allem bei Fieber verwendet, doch ist eine fiebersenkende Wirkung wissenschaftlich nicht nachweisbar, auch setzte man sie ein gegen Skorbut, Husten und Zahnfleischentzündungen. Heute sind Fieberkleeblätter Bestandteil von Magen-, Leber- und Gallentees; außerdem dienen sie zur Bereitung von bitteren Kräuterlikören.

Potentilla palustris (L.) Scop.
(*Comarum palustre* L.)
Sumpfblutauge

Sumpfpflanze mit bis 1 m weit kriechendem, verholztem Wurzelstock, Stengel 15 bis 30 cm hoch, Blätter am Stengel verteilt, unpaarig gefiedert mit 5 bis 7 einander genäherten Teilblättern, oberseits dunkelgrün, unterseits grau- bis blaugrün, Teilblätter schmal oval bis länglich, spitz gezähnt. Blütenstand locker, armblütig, Blüten dunkelpurpurn. Blütezeit Juni bis August. Ausdauernd.
Vorkommen: In und an Moorgewässern, in Flach- und Zwischenmooren, auf nassen oder flach überschwemmten, z.T. noch wenig verfestigten, nährstoffarmen, schwach sauren Torf- und Torfschlammböden; Schwerpunkt in Flach- und Zwischenmooren, auch in ärmeren Großseggen-Rieden und Röhrichten und als Verlandungspionier in Moorgewässern.
Verbreitung: Gemäßigte bis kalte Zonen der nördlichen Erdhalbkugel, zum Süden hin vorzugsweise in den Gebirgen. In Deutschland im Flachland verbreitet und meist häufig, im Berg- und Hügelland vor allem in den Silikatgebieten, in den moorarmen Landschaften selten und streckenweise fehlend. Infolge von Meliorationen seltener werdend und örtlich bereits verschwunden.

4 Quellen und Fließgewässer

Quellen und Fließgewässer weisen spezifische Wasser- und Uferpflanzen-Gesellschaften auf mit einer ganzen Anzahl von Sippen, die nur hier vorkommen oder hier ihren Schwerpunkt haben.

Quellen sind Stellen, an denen unterirdische Grundwasserströme an die Erdoberfläche treten und oberirdisch abfließen: sie befinden sich naturgemäß an den Hängen oder am Fuß von Geländeerhebungen. Das austretende Wasser besitzt sommers wie winters annähernd dieselbe Temperatur; diese entspricht dem Jahresdurchschnitt der Lufttemperatur der betreffenden Gegend. Im Winter bleibt das Quellwasser daher meist wärmer als die Temperatur der Luft und der Bodenoberfläche, weshalb Quellen auch kaum zufrieren; im Sommer dagegen ist es deutlich kälter. So können hier sowohl kühleliebende Arten als auch gegen hohe Winterkälte emp-

Mittelgebirgsfluß mit Fließwasser- und Ufervegetation (Saale oberhalb von Saalfeld).

Größere Flüße und Ströme enthalten nur noch wenig Wasserpflanzen (Mündung der Neiße in die Oder).

findliche, wintergrüne Pflanzenarten wachsen. In Kalkgebirgen und Gebieten mit kalkreichen Böden führen die Quellen große Mengen an gelöstem Kalk mit sich, der nach dem Austritt z.T. mit Hilfe von Pflanzen ausfällt und Kalktuff bildet. Die Vegetation derartiger Quelltuff-Quellen unterscheidet sich in ihrer Zusammensetzung, insbesondere hinsichtlich der Moos-Arten, von derjenigen der kalkarmen Weichwasserquellen.

Bald schon nach dem Austritt sammelt sich das Quellwasser zu Quelläufen, die sich binnen kurzem zu Bächen vereinigen. Im weiteren Verlauf entstehen kleine, mittlere und größere Flüsse und schließlich breite Ströme. Merkmal aller dieser Fließgewässer ist das ständige Fließen des Wassers, wobei die Fließgeschwindigkeit in den Oberläufen meist hoch ist und zur Mündung hin ständig abnimmt. In den Fließgewässern finden sich daher andere Arten und spezielle Fließwasserformen von sonst im stehenden Wasser vorkommenden Pflanzen, die an die Strömungsverhältnisse besonders angepaßt sind. Andererseits nimmt die Sediment- und Nährstofffracht der Fließgewässer zur Mündung hin ständig zu und die Sichttiefe ständig ab, so daß in den Mittel- und Unterläufen der Fließgewässer größere submerse Wasserpflanzen (Makrophyten) meist nicht mehr existieren können.

Bedingt durch Wasserströmung und Hochwasser gibt es hier hauptsächlich niedrigwüchsige Bachröhrichte und an den Ufern das überschwemmungsverträgliche Rohrglanzgras-Röhricht.

Fontinalis antipyretica Hedw.
Großes Quellmoos

Dunkelgrünes Laubmoos mit bis über 30 cm langen, im Wasser flutenden, verzweigten, scharf dreikantig beblätterten Sprossen. Die 3 bis 6 mm langen, ganzrandigen, nervenlosen, oval-zugespitzten Blätter sind kielig gefaltet. Sporenkapseln seitenständig. Ausdauernd (wintergrün).

Vorkommen: In Quellen und schnellfließenden kühlen und klaren Gewässern, aber auch in nährstoffarmen bis mäßig nährstoffreichen stehenden Gewässern, hier bis in 12 m Tiefe an steil abfallenden Ufern und Stellen mit Quellwasseraustritten, auf steinigem bis sandigem Grund. Empfindlich gegen Verschmutzung. In fast allen Wassermoos-Gesellschaften oder in eigenen Beständen, auch in Fluthahnenfuß-Gesellschaften.

Verbreitung: In den gemäßigten Zonen der nördlichen Erdhalbkugel. In Deutschland zerstreut, stellenweise häufiger, gebietsweise jedoch auch selten oder fehlend, in den Alpen vereinzelt bis über die Waldgrenze.

Montia fontana L.
Bach-Quellkraut

Niedrige, ausdauernde bis einjährige Wasser- und Sumpfpflanze mit oft im Wasser flutenden, verzweigten, 2 bis 50 cm langen Stengeln, auf dem Land mit kurzen und aufrechten Stengeln, Blätter gegenständig, schmal spatelig oder länglich-lanzettlich, am Grunde stielartig verschmälert. Blüten unscheinbar, in kleinen endständigen Trugdolden oder einzeln blattachselständig, Kronblätter 5, weiß. Es werden drei bis vier fast identische Unter- bzw. Kleinarten unterschieden, die nur am reifen Samen sicher erkannt werden können. Die Samen der subspec. *fontana* sind stark glänzend und auf den Seitenflächen netzartig gemustert.

Vorkommen: In raschfließenden kalten Quellen, Quellbächen und -gräben in Quellflur-Gesellschaften.

Verbreitung: In gemäßigten bis kühlen Gebieten weltweit verbreitet. In Deutschland zerstreut bis selten, vor allem in kalkarmen Moränenlandschaften und silikatischen Mittelgebirgen. Durch Gewässerverschmutzung stark gefährdet und vielerorts bereits verschwunden.

Montia hallii (A. Gray) Greene (*Montia fontana* L. subspec. *amporitana* Sennen)
Schlamm-Quellkraut

Kleinart des Quellkrautes mit weniger stark glänzender Samenschale, die nur im Zentrum glatt ist und gegen den Kiel hin mit 3 bis 4 Reihen schlanker spitzer Warzen versehen ist. Sie kommt zumeist ausdauernd untergetaucht und ganzjährig grün in Quellflur-Gesellschaften bis in 1300 m Höhe vor, nur selten als einjährige Landpflanze.
Vorkommen: In Europa vor allem in W- und SW-Europa.
Sonstiges: *Montia fontana* subsp. *chondrosperma* (Fenzl) S.M. Walters ist eine einjährige Sippe mit bis 10 cm hohen aufrechten Stengeln; ihre reifen Samen sind matt oder nur wenig glänzend und auf der gesamten Oberfläche mit großen stumpfen Warzen bedeckt. Sie wächst meist gesellig in lückigen Zwergbinsen-Gesellschaften feuchter Ackersenken, auf nassen Wegen, an Gräben und Ufern und kommt in Deutschland vor allem in kalkarmen Altmoränen- und Silikatgebieten vor.
Montia fontana subsp. *variabilis* S.M. Walters ist eine ausdauernde, oft flutende Sippe; ihre schwarzen Samen sind nur am Kiel mit entfernt stehenden niedrigen Warzen versehen. Sie wächst in Quellfluren und tritt in Mitteleuropa im Flachland und in den Mittelgebirgen auf.

Nasturtium microphyllum
Bönninghausen
Braune Brunnenkresse

Sumpfpflanze mit kriechenden Ausläufern und 30 bis 90 cm hohen Stengeln, Blätter unpaarig gefiedert mit ovalen Teilblättern und größerem und stumpf gezähntem Endteilblatt, im Herbst und Winter rotbraun (bronzefarben). Blüten in trugdoldig gehäuften Trauben an der Spitze der Stengel, Kronblätter 5 bis 6 mm lang, weiß. Blütezeit Mai bis Juli. Ausdauernd.
Vorkommen: In Quellen, Gräben und Bächen mit meist schnellfließendem kühlem, klarem bis mäßig getrübtem, nährstoffreichem Wasser auf Kies-, Sand- oder Schlammgrund, seltener an (durchströmten) Seen. In Quellflur-Gesellschaften und im Bachröhricht, auch im Wasserschwaden-Röhricht.
Verbreitung: In Europa offenbar weit verbreitet, auch in anderen Erdteilen, Gesamtareal jedoch noch ungenügend bekannt. In Deutschland weit verbreitet und meist häufig bis zerstreut, gebietsweise jedoch auch selten.
Sonstiges: Die Echte Brunnenkresse (*N. officinalis* R. Brown) mit auch im Winter grünen und dann gänzlich untergetaucht bleibenden Blättern und meist etwas kleineren Blüten ist frostempfindlicher und in Deutschland offenbar auf die westlichen Gebiete beschränkt. Diese Art wird bzw. wurde (bes. in Frankreich) in besonderen Kressegärten (Cressonières) als vitaminhaltiges Wintergemüse kultiviert, in Deutschland z.B. in Erfurt (Dreienbrunnen).

Berula erecta (Hudson) Coville (*Berula angustifolia* Mertens et Koch; *Sium erectum* Hudson)
Berle

Sumpf- und Wasserpflanze mit aufrechtem, 20 bis 80 cm hohem, stielrundem röhrigem Stengel, Blätter einfach gefiedert mit 2 bis 10 Teilblattpaaren, Teilblätter sitzend, eilänglich, unregelmäßig gesägt bis gekerbt. Blüten in doppelten Dolden, Einzelblüten klein, weiß. Blütezeit Juni bis August. Ausdauernd.

Vorkommen: An und in Quellrinnsalen, Bächen und Gräben, mitunter das gesamte Gewässer ausfüllend, im flachen, meist fließenden, klaren, kalkreichen, nährstoffreichen Wasser auf reinem oder schlammigem Sand und Kies; gegen Abwasser empfindlich; in der regelmäßig blühenden Seichtwasserform überwiegend in Bachröhrichten, in der steril bleibenden Unterwasserform in tieferem (bis 1,5 m tiefem) fließenden kühlen Wasser oft ausgedehnte hellgrüne Unterwasserwiesen bildend (Beruletum bzw. Ranunculo-Sietum erecti submersi).

Verbreitung: Gemäßigte Zonen der nördlichen Erdhalbkugel. In Deutschland weithin häufig bis zerstreut, im höheren Bergland fehlend, in den Alpen bis 780 m.

Veronica beccabunga L.
Bach-Ehrenpreis, Bachbunge

Sumpf- und Seichtwasserpflanze mit ausläuferartiger Grundachse, niederliegend-aufsteigenden, 30 bis 50 cm langen Sprossen und dunkelgrünen ovalen bis elliptischen, gegenständigen Blättern. Die mittel- bis dunkelblauen Blüten sitzen in 15 bis 20blütigen, blattachselständigen Blütenständen. Blütezeit Mai bis September. Ausdauernd.

Vorkommen: An und in fließenden klaren kühlen Gewässern auf nährstoffreichen, flach überschwemmten oder sickernassen Schlamm-, Ton-, Sand- und Kiesböden; in Bachröhrichten und Quellfluren, auch in quelligen Erlenbrüchen, in einer untergetauchten Form in 10 bis 50 cm tiefem, schnellfließendem Wasser in Fluthahnenfuß-Gesellschaften, in höheren Gebirgslagen Kennart der Bachbungen-Teichwasserstern-Gesellschaft (Veronico beccabungae-Callitrichetum stagnalis).

Verbreitung: In den gemäßigten Zonen Eurasiens weit verbreitet, im Mittelmeergebiet selten, jedoch in den Gebirgen N-Afrikas; in S-Afrika, O-Asien und N-Amerika eingeschleppt. In Deutschland vom Tiefland bis zu den Alpen meist überall vorhanden und häufig.

Veronica anagallis-aquatica L.
Blauer Wasser-Ehrenpreis

Sumpf- und Seichtwasserpflanze mit aufrechter, 30 bis 60 cm hoher Hauptachse, Blätter hellgrün, lanzettlich bis länglich, in oder über der Mitte am breitesten, vorn zugespitzt, gegenständig. Blüten in blattachselständigen 10- bis 60blütigen Blütenständen, 5 bis 7 mm breit, hellviolett bis blaßlila mit dunklerer Streifung. Kapsel meist etwas länger als breit. Blütezeit Mai bis September. Meist einjährig.
Vorkommen: An und in Bächen, Gräben und Quellen auf flach überschwemmten oder nassen, kalk- und nährstoffreichen kiesigen, sandigen oder reinen Schlammböden; salzertragend, aber gegen Verschmutzung empfindlich. Hauptsächlich in Bachröhrichten, aber auch in Quellfluren und Quell-Erlenbrüchen, in Zweizahn-Fluren und Zwergbinsen-Gesellschaften, die Unterwasserform in quellnahen kühlen Fließgewässern in Fluthahnenfuß-Gesellschaften.
Verbreitung: Nahezu weltweit verbreitet, in Europa nordwärts bis zum Polarkreis. In Deutschland in den Landschaften mit kalkreichen Böden häufig, in solchen mit kalkarmen Böden zerstreut bis selten und gebietsweise fehlend.

Veronica catenata Pennell
Roter Wasser-Ehrenpreis

Der vorigen ähnliche Sumpfpflanze, aber Stengel meist rot überlaufen, Blätter unter der Mitte am breitesten. Blüten meist etwas kleiner (4 bis 5 mm breit), hellrosa, rotgeadert; Kapsel meist etwas breiter als lang. Blütezeit Juni bis Oktober. Meist einjährig.

Vorkommen: An Ufern von Gräben und Bächen, auch auf vernäßten Äckern, auf nassen, oftmals flach überschwemmten nährstoffreichen Lehm- und Schlammböden; in Bach- und Kleinröhrichten, regional eine eigene Veronica catenata-Gesellschaft bildend, ferner in Flutrasen, Zweizahn- und Zwergbinsen-Gesellschaften, in sterilen Unterwasser-Formen in Fluthahnenfuß- und Seerosen-Gesellschaften in Wassertiefen zwischen 30 und 100 cm.

Verbreitung: Gemäßigte Zonen der nördlichen Erdhalbkugel mit Schwerpunkt in den küstennahen Gebieten; in S-Australien; in Korea und Japan eingeschleppt. In Deutschland vor allem in den westlichen Teilen zerstreut, stellenweise häufig, sonst selten, in den Gebirgen fehlend. Da oft nicht von *V. anagallis-aquatica* unterschieden, ist die Verbreitung noch unzureichend bekannt.

Sonstiges: Der einjährige Schlamm-Ehrenpreis (*V. anagalloides* Gussone) besitzt stumpf vierkantige, 10 bis 50 cm hohe, ziemlich dünne markerfüllte Stengel, die zu 2 bis 3 wirtlich sitzenden Blätter sind lanzettlich bis linealisch. Die weißlichen, blauviolett gerandeten Blüten nur 2,5 bis 4 mm breit, der Fruchtstand ist drüsig behaart, die Fruchtkapsel eirundlich und etwas länger als breit. Die vom Mittelmeergebiet bis Zentralasien verbreitete Art reicht mit zerstreuten Vorkommen nordwärts bis Niedersachsen und wächst vor allem in lückigen Pioniergesellschaften an Ufern und Gräben.

Ranunculus hederaceus L.
Efeublättriger Hahnenfuß

Niedrige Wasserhahnenfuß-Art mit untergetauchten oder im Schlamm kriechenden, 10 bis 40 cm langen, an der Spitze aufsteigenden Stengeln, nur Schwimmblätter entwickelnd, Blätter herz- bis nierenförmig, mit 3 bis 5 Lappen, dunkelgrün. Blüten klein und wenig auffällig, 4 bis 7 mm im Durchmesser, weiß. Blütezeit April bis Oktober. Einjährig oder ausdauernd.
Vorkommen: In Quellmulden und quelligen Tümpeln, Bächen und Gräben, auch auf quellig durchsickerten Wegen, Weiden und Wiesen, in reinem und kühlem schwachfließendem Wasser sowie auf sickernassen, kalk- und nährstoffarmen, z.T. infolge Beweidung etwas eutrophierten Sand- und Torfböden; hauptsächlich in Quellfluren unverschmutzter Standorte. Kennart des Ranunculetum hederacei, auch in verschiedenen Quellflur-Gesellschaften, gelegentlich auch im Bachröhricht.
Verbreitung: W- und westl. M-Europa, nördlich bis Dänemark und SW-Schweden, nordöstliche Küstengebiete N-Amerikas. In Deutschland vor allem in den nordwestdeutschen Altmoränengebieten, östlich bis Altmark und Mecklenburg-Vorpommern, vereinzelt auch in angrenzenden Silikatgebirgen, südwärts bis zur Pfalz. Durch die allgemeine Eutrophierung stark gefährdet und im Rückgang, zahlreiche frühere Vorkommen bereits erloschen, heute selten bis sehr selten, im südlichen und östlichen Deutschland fehlend.

Mimulus guttatus Fischer ex DC.
(*Mimulus luteus* auct. non L.)
Gelbe Gauklerblume

30 bis 60 cm hoch werdende (auf den Schlammufern der großen Flüsse oft niedriger bleibende) Pflanze mit eiförmigen, meist kahlen, an den Rändern unregelmäßig gezähnten Blättern, von denen die unteren gestielt sind, die oberen mit herzförmigem Grund sitzen. Blüten zweilippig, hell- bis dottergelb, Frucht eine Kapsel. Blütezeit Juni bis September. Ausdauernd.
Vorkommen: An Fluß- und Bachufern, Gräben und Quellen auf steinigen bis kiesig-sandigen, nassen und zeitweilig überfluteten Tonböden, auch auf Kies-, Sand- und Torfböden; Schwerpunkt in Bach- und Uferröhrichten und Quellfluren, in Zwergformen als Pionierpflanze auf sommerlich trockenfallenden Uferstreifen größerer Flüsse.
Verbreitung: Einheimisch im westlichen N-Amerika, 1806 entdeckt, seit 1812 in Europa und hier als Zierpflanze kultiviert, bereits 1814 erste Verwilderungen. Seither in weiten Teilen Europas eingebürgert, in Deutschland Schwerpunkt in den Mittelgebirgen, sonst selten und vielfach unbeständig.

Mimulus moschatus Douglas ex Lindley
Moschus-Gauklerblume

Bis 30 cm hohe Staude, kriechend oder niederliegend und gegen die Spitze hin aufsteigend, Blätter eiförmig, an den Rändern glatt oder weit gezähnt, kurz gestielt, drüsig-zottig behaart; Blüten klein, fast kreisförmig erscheinend, gelb, in den Blattachseln des oberen Sproßteiles. Blütezeit Juni bis September. Ausdauernd.

Vorkommen: An den Ufern von Quellen und Wasserläufen auf sickernassen, mäßig nährstoffreichen, sandigen bis torfigen Böden, im Quell- und Bachröhricht.

Verbreitung: Heimisch im westlichen N-Amerika, dort 1826 von Douglas gefunden und nach England eingeführt. Seit etwa 1840 auch in Deutschland als Gartenpflanze kultiviert, aber selten. Nur vereinzelt verwildert und eingebürgert, insbesondere in quelligen Flachmooren des Berg- und Hügellandes.

Sonstiges: Die zuerst eingeführten Pflanzen wiesen einen deutlichen Moschus-Geruch auf, die Pflanze wurde daher mitunter als Topfpflanze zur Fliegenabwehr in den Stuben gehalten; die heutigen mitteleuropäischen Populationen haben jedoch keinen Moschus-Geruch mehr.

Ranunculus fluitans Link
Flutender Hahnenfuß

Untergetauchte hellgrüne Wasserpflanze mit bis 6 m langen, im Wasser flutenden Stengeln, große Polster bildend, Tauchblätter schlaff, 2- bis 3fach gegabelt, Blattzipfel schmal bandförmig, 0,5 bis 1,5 mm breit, Schwimmblätter stets fehlend, Blüten groß, 1,5 bis 3 cm im Durchmesser, weiß, über den Wasserspiegel hinausgehoben, Fruchtboden spärlich behaart oder fast ganz kahl. Blütezeit Juni bis August. Ausdauernd (wintergrün).
Vorkommen: In Flüssen und größeren Bächen mit schnellfließendem, oft turbulentem, sauerstoff- und nährstoffreichem Wasser in geringer Tiefe über steinig-grusigem bis sandig-schlammigem Grund; durch geringe Wasserverschmutzung gefördert, bei stärkerer Belastung jedoch verschwindend. In untergetauchten Wasserpflanzen-Gesellschaften fließender Gewässer, Kennart der Fluthahnenfuß-Gesellschaften (Ranunculetum fluitantis).
Verbreitung: W- und M-Europa, nordwärts nur bis Jütland und S-Schweden, südwärts bis S-Frankreich (z.B. im Fluß Gard bei Nîmes) und N-Italien, im Mittelmeergebiet fast völlig fehlend. In Deutschland im Mittelgebirgsraum häufig bis zerstreut, im Tiefland meist selten (oft mit *R. penicillatus* verwechselt!).

Ranunculus penicillatus
(Dumortier) Babington
(*Ranunculus pseudofluitans* (Syme) Newbould)
Pinselblättriger Wasserhahnenfuß

Untergetauchte dunkelgrüne Wasserpflanze mit bis 3 m langen, im Wasser flutenden Stengeln, Tauchblätter schlaff, meist mehr als 4fach gegabelt, Blattzipfel fadenförmig dünn, Schwimmblätter (nicht immer) vorhanden, nierenförmig bis halbkreisrund, tief 3 bis 5 lappig, bis 4 cm breit. Blüten groß, 2 bis 3 cm im Durchmesser, über den Wasserspiegel hinausgehoben, Fruchtboden deutlich behaart. Blütezeit Juni bis Juli. Ausdauernd.
Vorkommen: In Bächen, Gräben und kleineren Flüssen mit schnell fließendem, mäßig tiefem, nährstoffreichem Wasser, geringe Verschmutzung ertragend. Oftmals eigene Bestände bildend, sonst in verschiedenen Fließwasser-Gesellschaften.
Verbreitung: Große Teile Europas mit Ausnahme des hohen Nordens und der Balkanhalbinsel; in Deutschland im Mittelgebirgsraum meist nicht selten, aber auch im Tiefland vielfach vorhanden, jedoch oft verwechselt, genaue Verbreitung daher noch unzureichend bekannt.

Potamogeton alpinus Balbis
Alpen-Laichkraut

Unterwasser- oder Schwimmblattpflanze mit 30 bis 200 cm langen Stengeln, lanzettlichen, 10 bis 25 cm langen Tauchblättern und verkehrt-eiförmigen oder lanzettlichen Schwimmblättern, ganze Pflanze oft rötlich, Ähre einzeln oder zu 2 bis 5 am Stengelende, über das Wasser hinausgehoben. Blütezeit Juni bis August. Ausdauernd.

Vorkommen: In fließenden, aber auch in stehenden Gewässern mit kühlem, klarem und nicht oder nur sehr wenig verschmutztem, meist mäßig nährstoffreichem Wasser auf sandig-kiesigem bis schlammigem oder moorigem Grund. In Fluthahnenfuß-Gesellschaften, mitunter in eigenen Beständen, in stehenden Gewässern meist in ärmeren Laichkraut- und Schwimmblatt-Gesellschaften.

Verbreitung: In den gemäßigten Zonen der nördlichen Erdhalbkugel weit verbreitet. In Deutschland zerstreut, örtlich auch häufig, streckenweise jedoch völlig fehlend. Zahlreiche frühere Vorkommen infolge Gewässerverschmutzung erloschen.

Potamogeton mucronatus
Schrader
(*Potamogeton friesii* Ruprecht)
Stachelspitziges Laichkraut

Unterwasserpflanze mit 30 bis 60 cm, in tieferen Gewässern 50 bis 100 cm langen, abgeflachten, mäßig verzweigten Stengeln, Blätter alle untergetaucht, meist büschelartig am Stengel sitzend, bandförmig, 4 bis 7 cm lang (im Fließwasser oft länger) und 1,5 bis 2,5 mm breit, stumpf mit feiner aufgesetzter Spitze, mit 3 bis 5 Nerven, durchsichtig. Ähren 3 bis 10 mm lang, mehrfach unterbrochen, wenigblütig. Blütezeit Juni bis August. Ausdauernd.

Vorkommen: In fließenden und stehenden, klaren und meist nur mäßig nährstoffreichen Gewässern auf sandigem oder schlammigem Grund. In verschiedenen Wasserpflanzen-Gesellschaften mesotropher Standorte.

Verbreitung: In den gemäßigten Zonen der nördlichen Erdhalbkugel; in Deutschland meist selten, nur gebietsweise etwas häufiger, streckenweise, vor allem in den Gebirgen, völlig fehlend, viele frühere Vorkommen erloschen.

Callitriche hamulata Kützing
Haken-Wasserstern

Wasserstern-Art mit 20 bis 80 cm langen Sprossen, Blätter meist untergetaucht, grün (wintergrün), linealisch, 10 bis 24 mm lang und 0,5 bis 1,3 mm breit, zur Spitze hin etwas verbreitert und mit 2 gekrümmten, zangenförmigen Spitzchen, Schwimmblattrosetten mit oval-löffelförmigen Blättern nur gelegentlich entwickelt. Blüten völlig untergetaucht, unscheinbar, Befruchtung unter Wasser, Frucht in Seitenansicht kreisrund, Teilfrüchte schmal geflügelt. Blütezeit Mai bis August. Ausdauernd.
Vorkommen: Meist in fließenden, aber auch in stehenden Gewässern mit klarem, kühlem, kalk- und nährstoffarmem Wasser in geringer Tiefe auf gerölligem, sandigem oder schlammigem Untergrund. Empfindlich gegen Verschmutzung, jedoch Wasserstandsschwankungen ertragend und bei zeitweiligem Trockenfallen des Standortes Landformen ausbildend. In Wasserpflanzen-Gesellschaften ärmerer Standorte, örtlich Kennart der Hakenwasserstern-Tausendblatt-Gesellschaft (Callitricho-Myriophylletum alterniflori).
Verbreitung: Große Teile Europas mit Schwerpunkt in W- und N-Europa, Grönland. In Deutschland zerstreut, in kalkarmen Landschaften häufiger, Verbreitung noch unzureichend bekannt.

Oenanthe fluviatilis (Bab.) Coleman
Flutender Wasserfenchel, Fluß-Pferdesaat

Doldengewächs mit im Wasser flutenden, 1 bis 2 (bis 3) m langen Stengeln, Tauchblätter 2fach gefiedert, reich zerteilt, mit schmalen, nicht spreizenden Teilblättern, Überwasserblätter 2- bis 3fach gefiedert, Teilblätter eiförmig bis fast kreisrund bzw. im Blütenstandsbereich schmal rautenförmig. Dolden seitenständig, Kronblätter weiß. Blütezeit Juni bis Juli. Ein- bis mehrjährig, nach Blüte und Fruchtbildung absterbend.
Vorkommen: In langsamfließenden Bächen oder kleinen Flüssen mit kühlem und klarem, meist kalk- und nährstoffarmem Wasser in 50 bis 100 cm Tiefe auf humosen sandigen Schlickböden in wintermilder Klimalage, empfindlich gegen das Austrocknen der Wasserläufe. In Fluthahnenfuß-Gesellschaften und Bach-Röhrichten, an tieferen Stellen dichte Unterwasserbestände bildend.
Verbreitung: NW-Europa, ostwärts bis Jütland, südostwärts bis ins Oberrheingebiet. In Deutschland sehr selten, nur im äußersten Nordwesten und im Oberrheingebiet, die meisten Vorkommen wieder erloschen.

Phalaris arundinacea L.
Rohrglanzgras

50 bis 240 cm hohes schilfähnliches Ausläufergras mit derben, rohrartigen Halmen, Blätter 8 bis 15 mm breit, allmählich zugespitzt, blaugrün, Blatthäutchen groß; Rispe groß, 10 bis 20 cm lang, die zahlreichen Ährchen gebüschelt tragend. Blütezeit Juni bis August. Ausdauernd (nicht wintergrün).

Vorkommen: An den Ufern fließender und stehender Gewässer, auf Überschwemmungswiesen und in Auenwäldern, an Quellen, auf feuchten bis nassen, nährstoffreichen, sandig-kiesigen bis tonigen und tonig-torfigen Böden, unempfindlich gegen Wasserverschmutzung und daher oft noch an stark belasteten Gewässern. Hauptsächlich in Fließwasser-Röhrichten und Kennart des Rohrglanzgrasröhrichts (Phalaridetum arundinaceae) an Ufern und auf Überschwemmungsstandorten, auch in reicheren Ausbildungen des Schilfröhrichts und von Großseggen-Rieden, im Erlen-Eschenwald, im Eichen-Ulmen-Auenwald, im Silberweiden-Auenwald und in Flutrasen.

Verbreitung: In großen Teilen Eurasiens und N-Amerikas, im Mittelmeergebiet selten. In Deutschland vom Flachland bis ins Bergland überall häufig.

Sonstiges: Unter dem aus dem Nordwestslawischen stammenden Namen „Militz" ein geschätztes Futtergras. Eine Form mit weißpanaschierten Blättern (‚Picta') ist seit dem 16. Jahrhundert ein beliebtes Ziergras insbesondere der Bauerngärten.

Lathyrus palustris L.
Sumpf-Platterbse

Sumpfpflanze mit 30 bis 80 cm hohem, kletterndem, oftmals geflügeltem Stengel, Blätter paarig gefiedert mit 2 bis 5 Teilblattpaaren und einer endständigen, verzweigten oder unverzweigten Ranke, Teilblätter 25 bis 60 mm lang und 3 bis 12 mm breit, linealisch. Blüten in 3- bis 6blütigen Blütenständen, purpurblau bis hellpurpurrot, Hülse 25 bis 50 mm lang. Blütezeit Juli bis August. Ausdauernd.
Vorkommen: Auf Stromtalwiesen auf wechselnassen, zeitweise überschwemmten tonigen Torfböden in sommerwarmer Lage. Vor allem in Rohrglanzgraswiesen, aber durchaus auch in anderen Auenwiesen, Hochstaudenfluren und Großseggen-Rieden.
Verbreitung: Gemäßigte Zonen Europas und W-Asiens. In Deutschland fast nur in den Tälern der großen Flüsse, auch dort streckenweise selten oder fehlend. Vielfach bereits verschwunden.
Sonstiges: Die Sumpf-Platterbse stellt eine gute Futterpflanze dar und war ein wertvoller Bestandteil des früher als Pferdefutter geschätzten Rohrglanzgras-Heus („Militz-Heu“).

Scrophularia umbrosa Dum.
(*Scrophularia alata* Gilib.)
Flügel-Braunwurz

Mittelgroße Uferpflanze mit walzenförmigem Wurzelstock und 40 bis 120 cm hohen, vierkantigen, breit geflügelten Stengeln; Blätter gegenständig, gestielt, eilänglich mit scharf gesägtem Rand. Blüten in lockeren Thyrsen (Straußrispen), 6 bis 8 mm lang, unterseits gelbgrün, oberwärts und innen purpurbraun, Fruchtkapsel fast kugelig, 5 mm lang. Blütezeit Juni bis August. Ausdauernd.

Vorkommen: An Ufern fließender Gewässer, an Quellen und Quellbächen, seltener auch an stehenden Gewässern, auf nassen, meist flach überschwemmten nährstoff- und kalkhaltigen Schlamm-, Ton- und Sandböden, leichten Schatten ertragend; vor allem im Bachröhricht und in Quellfluren, aber auch in anderen Röhricht-Gesellschaften.

Verbreitung: In großen Teilen des gemäßigten Europa, nordwärts bis S-Schweden, ostwärts bis zum Altai und W-Tibet, in SW-Europa jedoch fehlend. In Deutschland vor allem in den Jungmoränenlandschaften des Flachlandes und den niederen bis mittleren Lagen des Berg- und Hügellandes. In den Altmoränengebieten und den höheren Gebirgslagen selten und streckenweise fehlend.

Sonstiges: An gleichartigen Standorten, aber in Deutschland auf das Hohe Venn und das Rheingebiet beschränkt und dort die Ostgrenze ihres Areals erreichend die atlantisch-westmediterrane Wasser-Braunwurz (*S. auriculata* L. = *S. aquatica* L. em. Hudson), 30–70cm hoch, Stengel ebenfalls vierkantig und breit geflügelt, aber Blätter stumpf gekerbt, herzeiförmig, Blüten 8–10mm lang, dunkel-purpurbraun.

Glyceria fluitans (L.) R. Brown
Flutender Schwaden

30 bis 100 cm langes, ausläufertreibendes Gras mit oft niederliegenden, im Schlamm kriechenden bzw. im Wasser flutenden Halmen, Blätter bis 60 cm lang und 5 bis 10 mm breit, allmählich zugespitzt, mit kurzem Blatthäutchen, im Frühjahr und Herbst oft schwimmblattartig auf der Wasseroberfläche schwimmend, Ährchen in einer bis 50 cm langen Rispe. Blütezeit Juni bis September. Ausdauernd (wintergrün).

Vorkommen: In stehenden und fließenden, meist flachen, nährstoffreichen Gewässern, insbesondere in Bächen, Gräben, Quellen und Flutmulden auf anmoorigen Sand- und Tonböden, unempfindlich gegen Wasserstandsschwankungen. Vor allem in Bachröhrichten und Kennart des Flutschwaden-Röhrichts (Sparganio-Glycerietum fluitantis); auch in Quellfluren und Flutrasen.

Verbreitung: In den gemäßigten und kühlen Zonen der nördlichen Erdhalbkugel weit verbreitet (in N-Amerika jedoch nur ganz vereinzelt), anderswo eingeschleppt. In Deutschland überall häufig, in den Alpen bis 2050 m aufsteigend.

Sonstiges: Die Früchte des Flutenden Schwadens wurden früher gesammelt und als „Mannagrütze" gehandelt und gegessen.

Sparganium emersum Rehmann
(*Sparganium simplex* Hudson)
Einfacher Igelkolben

Sumpf- und Wasserpflanze, als Uferpflanze (subsp. *simplex*) mit 20 bis 60 cm hohem aufrechtem Stengel und 3kantigen, 10 bis 50 cm langen und 1,5 bis 8 mm breiten „Luftblättern", als Wasserpflanze (subspec. *emersum*) mit dünnen, bandförmigen Tauchblättern und 50 bis 220 cm langen und 5 bis 10 mm breiten Schwimmblättern. Blütenstand bis 30 cm lang, fast immer unverzweigt mit 4 bis 7 männlichen und 3 bis 4 weiblichen Köpfchen. Blütezeit Juni bis Juli. Ausdauernd.

Vorkommen: Subspecies *simplex* an Ufern von Gräben und Bächen, auch an stehenden Gewässern, im flachen Wasser auf humosen Schlamm- und Mudde-Böden, in Bachröhrichten. Kennart des Pfeilkraut-Igelkolben-Röhrichts (Sagittario-Sparganietum erecti); die Subspecies *emersum* in langsam bis schnell fließenden Gewässern in Tiefen von 0,5 bis 1,0 m auf meist schlammigem Grund, vor allem in Fluthahnenfuß-Gesellschaften, oftmals auch Reinbestände bildend.

Verbreitung: In den gemäßigten Zonen Eurasiens und N-Amerikas lückenhaft verbreitet; in Deutschland im Flachland häufig, im Bergland gebietsweise nur zerstreut, in den höheren Lagen meist fehlend.

Sagittaria sagittifolia L.
Gewöhnliches Pfeilkraut

Sumpfpflanze mit unterirdischen knollentragenden Ausläufern und dreikantigen aufrechten, 30 bis 75 cm hohen Stengeln, Blätter in drei Formen: a) bandförmige, 10 bis 80 (bis 250) cm lange Unterwasserblätter, b) ovale bis längliche, z.T. herzförmige Schwimmblätter, c) 3teilig-pfeilförmige Überwasserblätter. Blütenstände mit männlichen und weiblichen, in 1 bis 12 übereinander angeordneten, meist 3zähligen Quirlen sitzenden Blüten, Kronblätter 10 bis 15 mm lang, weiß mit rotem Grund. Blütezeit Juni bis August. Ausdauernd.
Vorkommen: In flachen, stehenden oder langsam fließenden nährstoffreichen, meist kleineren Gewässern mit oft stark schwankendem Wasserstand, im flachen Wasser oder auf Schlammbänken mit schlammigem Grund. Kennart des Pfeilkraut-Röhrichts (Sagittario-Sparganietum), auch in anderen Bachröhrichten; als rheobionte Form (f. *vallisneriifolia,* nur mit Tauch- und Schwimmblättern) in Fluthahnenfuß-Gesellschaften, mitunter auch in eigenen Beständen.
Verbreitung: In großen Teilen Eurasiens, ostwärts bis zum Baikal-See. In Deutschland im Flachland und in den Flußniederungen meist häufig, sonst selten und gebietsweise fehlend.

Sagittaria latifolia Willdenow
Breitblättriges Pfeilkraut

Ähnlich *S. sagittifolia*, aber in allen Teilen größer und kräftiger. Blütendurchmesser 3 bis 4 cm, Blüten rein weiß, Blütezeit Juni bis September. Ausdauernd.

Vorkommen: An Ufern nährstoffreicher Gewässer im Rohrkolben- und im Wasserschwaden-Röhricht, etwas weniger naß als *S. sagittifolia* stehend.

Verbreitung: Einheimisch in N-Amerika, dort weit verbreitet, auch im nordwestlichen S-Amerika. Als Zierpflanze für Gartenteiche nach Europa gekommen und an verschiedenen Stellen verwildert und fest eingebürgert. In Deutschland (bereits 1808 im Botanischen Garten Berlin) Einbürgerungen an der Havel bei Berlin, bei Darmstadt, in Baden, in Nordrhein-Westfalen und Niedersachsen (Steinhuder Meer).

Sonstiges: Die im östlichen N-Amerika und auf Kuba heimische *S. graminea* Michaux, eine bis 70 cm hoch werdende Sumpfstaude, besitzt bandförmige, zarthäutige Unterwasserblätter und bis 55 cm lang gestielte, linealische bis breit ovale, 10 bis 15 cm lange Überwasserblätter. Der 5 bis 60 cm hohe Blütenstandsstiel enthält 2 bis 8 dreizählige Blütenquirle, Blüten etwa 3 cm im Durchmesser, weiß oder rosa. Die Art ist eine beliebte Aquarienpflanze und wird auch für Gartenteiche empfohlen, ist aber frostgefährdet.

An weiteren amerikanischen Pfeilkraut-Arten sind in Europa stellenweise eingebürgert: *S. platyphylla* (Engelmann) J.G. Smith, ähnlich *S. graminea*, aber Stiele der weiblichen Blüten im Fruchtzustand bogig zusammengekrümmt, 30–50 cm hoch, Unterwasserblätter derb, Blüten weiß; *S. rigida* Pursh, weibliche Blüten nahezu sitzend, Unterwasserblätter 30–70 cm lang, Blattspreite der Überwasserblätter am Grunde mitunter mit 1–2 gebogenen Lappen.

Das in N–Europa und N–Asien heimische Schwimmende Pfeilkraut (*S. natans* Pallas) besitzt 30–80 cm lange bandförmige Unterwasserblätter und länglich-elliptische, am Grunde oft mit 2 kurzen, schmalen Lappen versehene Schwimmblätter, Überwasserblätter sind normalerweise nicht vorhanden.

Sagittaria subulata (L.) Buchenau
Pfriemliches Pfeilkraut

Niedrige Wasserpflanze mit schmal-bandförmigen Unterwasserblättern und 2 bis 6 cm langen eilänglichen bis breit-lanzettlichen Schwimmblättern. Blütenstand 1 bis 4 cm lang mit 1 bis 10 Blütenquirlen, Blüten auf der Wasseroberfläche schwimmend, weiß. Blütezeit Mai bis September. Einjährig oder ausdauernd.
Vorkommen: Eine durchaus wärmebedürftige Wasserpflanze, die in ihrer Heimat vor allem im Gezeitenbereich von Flüssen vorkommt und dort grüne wiesenartige Unterwasserbestände bildet; in Europa nur in solchen Abschnitten von Fließgewässern, die von Thermalquellen aufgewärmt werden.

Verbreitung: Östliches N-Amerika und S-Amerika von Kolumbien und Venezuela bis S-Brasilien. Von dort als Aquarienpflanze nach Europa gekommen, verschiedentlich in Wasserbecken von Thermalbädern ausgepflanzt und von dort aus in benachbarte thermalwasserbeeinflußte Fließgewässer verwildert und eingebürgert, z.B. in Ungarn (Eger) und Rumänien (Oradea).

5 Untergetauchte Laichkraut-Gesellschaften

In dieser Gruppe werden Wasserpflanzen nährstoffreicher stehender Gewässer vorgestellt, die untergetaucht wachsen und zumeist nur ihre Blüten bzw. die daraus hervorgehenden Fruchtstände über den Wasserspiegel hinausheben, in einigen Fällen (z.B. *Ceratophyllum, Najas*) jedoch auch unter Wasser blühen und fruchten. Bei mehreren nicht ursprünglich in Deutschland heimischen Arten kommt es hierzulande nicht zur Ausbildung reifer Früchte. Diese Arten vermehren sich hier rein vegetativ.

Die Arten dieser Gruppen bilden in tieferen Seen teilweise eigene, bis in 3 bis 4 m Tiefe hinabreichende Pflanzengesellschaften („Laichkrautzone"), teils treten sie als Komponenten von Schwimmblatt-Gesellschaften und lichten Röhrichtbeständen in Erscheinung. Auch in Kleingewässern, wie Tümpeln und Gräben, sind derartige Pflanzen meist reichlich vertreten, und einige Arten (wie z.B. *Hottonia palustris*) sind ganz auf derartige Standorte beschränkt. Einige seltenere Arten, wie z.B. die Najas-Arten, *Aldrovanda* und *Lagarosi-*

Laichkrautzone eines Klarwassersees mit Spiegel-Laichkraut und Spreiz-Hahnenfuß.

phon, benötigen höhere Sommerwärme, bleiben daher auf wenige Gewässer in besonders sommerwarmer Lage beschränkt und kommen auch dort nicht in jedem Jahr zu reichlicher Entfaltung. Ihr Optimum haben die meisten Arten in Gewässern mit guten Sichttiefen. Bei abnehmender Sichttiefe infolge verstärkter Nährstoffzufuhr gehen die meisten Arten wegen Lichtmangel zurück, und nur wenige Arten, insbesondere *Potamogeton pectinatus*, *P. crispus* und *Ceratophyllum demersum*, vermögen auch in relativ trüben Gewässern zu existieren. Außer durch Eutrophierung werden die meisten Arten auch durch Schiffs- und Bootsverkehr, Badebetrieb, Grabenräumungen, Gewässerausbau und Verfüllung von Kleingewässern bedroht. Viele sind jedoch in der Lage, neugeschaffene Standorte wie Sand- und Tongruben und andere Ausstiche relativ schnell zu besiedeln.

Potamogeton obtusifolius
Mertens et Koch
Stumpfblättriges Laichkraut

Wasserpflanze mit dünnem Wurzelstock und 30 bis 100 cm langen, sparrig verzweigten Stengeln. Blätter alle untergetaucht, bandförmig, 2 bis 8 cm lang und 1 bis 3 mm breit, stumpf mit kleiner Stachelspitze, meist mit 3 Nerven; Ähre dichtblütig, eiförmig, über den Wasserspiegel hinausgehoben. Blütezeit Juni bis August. Ausdauernd.

Vorkommen: In stehenden, zumeist kleineren Gewässern mit mäßig nährstoffreichem, meist klarem Wasser auf humosen Schlammböden; in Laichkraut-, Seerosen- und Wasserhahnenfuß-Gesellschaften, auch als eigene Gesellschaft, insbesondere als Pionierbestände, in Sekundärgewässern.

Verbreitung: In den gemäßigten Zonen der nördlichen Erdhalbkugel weit verbreitet, in Europa im Mittelmeergebiet fehlend. In Deutschland zerstreut bis selten, gebietsweise völlig fehlend, viele frühere Vorkommen erloschen.

Potamogeton acutifolius Link ex Roemer et Schultes
Spitzblättriges Laichkraut

Wasserpflanze mit 50 bis 60 cm langem Stengel, Blätter alle untergetaucht, bis 15 cm lang und 1,5 bis 4 mm breit, scharf zugespitzt, mit 5 Haupt- und 8 bis 10 Zwischennerven, Ähre lockerblütig, sehr kurz. Blütezeit Juni bis August. Ausdauernd.
Vorkommen: In stehenden oder langsamfließenden flachen, basenreichen Gewässern auf Schlammboden in 30 bis 50 cm Wassertiefe. In Laichkraut-, Froschbiß-, Seerosen- und Wasserlinsen-Gesellschaften, auch Reinbestände bildend.
Verbreitung: W-, M- und O-Europa, nordwärts bis S-Skandinavien, südwärts bis S-Frankreich, N-Italien und Donaugebiet; in Deutschland vor allem in den Küstengebieten und in den Flußtälern zerstreut, sonst selten und auf große Strecken hin fehlend, viele frühere Vorkommen erloschen.

Potamogeton berchtoldii
Fieber
Berchtolds Laichkraut, Kleines Laichkraut

Wasserpflanze mit bis 1 m, meist jedoch nur 10 bis 30 cm langen Stengeln, Blätter alle untergetaucht, sehr schmal, 2 bis 4,5 cm lang und 0,5 bis 1,5 mm breit, 3nervig, kurz zugespitzt, Seitennerven kurz unter der Blattspitze fast rechtwinklig in den Mittelnerv mündend, Mittelnerv wenigstens in der unteren Blatthälfte mit Mittelstreifnetz (parallel verlaufende, langgestreckte, durchsichtige Zellen). Ähre klein, kurz, wenigblütig, über den Wasserspiegel hinausgehoben. Blütezeit Juni bis September. Ausdauernd.

Vorkommen: In stehenden und fließenden, nährstoffreichen Gewässern, vor allem in Kleingewässern wie Gräben und Tümpeln, auf humosen Schlammböden, verschmutzungsertraged und salztolerant. In Klein-Laichkraut-Gesellschaften, aber auch in anderen Wasserpflanzen-Gesellschaften, stellenweise Dominanzbestände bildend.

Verbreitung: Auf der nördlichen Erdhalbkugel weit verbreitet. In Deutschland im Flach- und Hügelland meist häufig, sonst zerstreut bis selten, in höheren Gebirgen meist fehlend.

Sonstiges: Ähnlich ist *P. panormitanus* Biv., aber insgesamt etwas zarter, Blätter mehr zugespitzt, Seitennerven etwa 2 mm unter der Blattspitze spitzwinklig in den Mittelnerv einmündend, ohne Mittelstreifnetz; meist an etwas nährstoffärmeren Standorten als *P. berchtoldii.*

P. rutilus Wolfgang besitzt ebenfalls sehr schmale, 0,5 bis 1 mm breite Blätter, die lang und fein zugespitzt sind; die beiden Seitennerven münden etwa 5 mm unter der Blattspitze in den Mittelnerv ein. Die sehr seltene konkurrenzschwache Art wächst in nährstoffarmen Klarwasserseen und Kiesweihern; sie verschwindet bei Eutrophierung. Eine stellenweise häufige, vielfach aber auch seltene oder fehlende Art ist das Haar-Laichkraut (*P. trichoides* Cham. et Schlecht.). Blätter unter 1 mm breit, fein zugespitzt, wenig durchscheinend, die beiden Seitennerven daher kaum oder nicht sichtbar, Mittelnerv am Blattgrund sehr dick.

Potamogeton pectinatus L.
Kamm-Laichkraut

Wasserpflanze mit dünnem kriechenden Wurzelstock, Stengel bis 3 (bis 4) m lang, meist reich verzweigt, Blätter alle untergetaucht, meist fadenförmig, allmählich fein zugespitzt, Blattspreite am oberen Ende der ziemlich langen, den Stengel meist eng umhüllenden Blattscheide abgehend. Blütenähre 2 bis 5 cm lang, locker unterbrochen, aus dem Wasser herausragend. Die Art ist je nach Standortbedingungen sehr variabel. Neben der Normalform gibt es in Fließgewässern eine Form mit grasartigen, 1,5 bis 2 mm breiten schmal-linealischen Blättern (var. *interruptus*), auf flachen Sandstandorten eine niedrige, dicht büschelig beblätterte Form mit haarfeinen, oft rötlich überlaufenen Blättern (var. *scoparius*). Blütezeit Juni bis September. Ausdauernd.

Vorkommen: In stehenden und fließenden, nährstoffarmen bis stark nährstoffreichen, kalkreichen Gewässern in 20 bis 240 (bis 350) cm Wassertiefe. Vermag von allen heimischen Laichkraut-Arten die stärksten Belastungen zu ertragen und ist daher in stark verschmutzten und trüben Gewässern oft noch die einzige Wasserpflanze; salzertragend und daher auch im Brackwasser. In verschiedenen Laichkraut- und Schwimmblatt-Gesellschaften; in stärker verschmutzten Gewässern oft in wenig- oder einartigen eigenen Beständen.

Verbreitung: Nahezu weltweit verbreitet. In Deutschland häufig bis zerstreut, im höheren Bergland oft fehlend.

Potamogeton lucens L.
Spiegel-Laichkraut

Wasserpflanze mit tief im Boden kriechendem Wurzelstock und 2 bis 6 m langen, meist ästig verzweigten Stengeln, Blätter alle untergetaucht, groß, 10 bis 25 cm lang und 1 bis 5 cm breit, oval bis länglich-lanzettlich, zugespitzt bzw. in eine lange Spitze auslaufend, oliv- bis gelbgrün, durchsichtig, glänzend; die grünlichen Blüten sitzen in reichblütigen, 3 bis 6 cm langen Ähren, über den Wasserspiegel hinausgehoben. Blütezeit Juni bis August. Ausdauernd, mitunter einjährig.

Vorkommen: In stehenden oder langsamfließenden, kalkreichen, ± nährstoffreichen und meist klaren Gewässern in 50 bis 350 cm Wassertiefe auf humosen Schlamm- und Mudde-Böden, bei stärkerer Wasserbelastung verschwindend. Kennart der Spiegellaichkraut-Gesellschaft (Potametum lucentis), auch in anderen Laichkraut- sowie in Seerosen-Gesellschaften.

Verbreitung: In den gemäßigten Zonen Eurasiens, nordwärts bis zum Polarkreis, weit verbreitet. In Deutschland in Seen- und Teichgebieten sowie in den Flußniederungen meist häufig, sonst zerstreut bis selten, in höheren Berglagen oft fehlend.

Sonstiges: Ein artfester fertiler Bastard zwischen *P. lucens* und *P. gramineus* (s. Seite 73) ist das Schmalblättrige Laichkraut (*P. x zizii* Koch ex Roth), in allen Teilen feiner und zarter als *P. lucens*, aber gelegentlich mit lederigen, elliptischen Schwimmblättern. Tauchblätter meist lanzettlich bis länglich-lanzettlich, dünn. Schwerpunkt in mäßig nährstoffreichen stehenden Gewässern in 0,4 bis 2 m Wassertiefe. Das Langblättrige Laichkraut (*P. praelongus* Wulfen) ist kenntlich am auffällig knickig hin- und hergebogenen, bis 2 m langen Stengel und den sämtlich untergetauchten, schmal-ovalen bis länglich-lanzettlichen, 5 bis 15 cm langen, an der Spitze kapuzenförmig zusammengezogenen Blättern. Es wächst in mäßig bis stärker nährstoffreichen, kalkreichen Gewässern und ist in Deutschland meist selten.

Potamogeton perfoliatus L.
Durchwachsenes Laichkraut

Wasserpflanze mit kriechendem Wurzelstock und bis 6 m langen Stengeln, Blätter alle untergetaucht, groß, 6 bis 12 cm lang und 3,5 bis 6 cm breit, rundlich bis eiförmig-länglich, mit herzförmigem Grund sitzend und den Stengel umfassend, hell- bis dunkelgrün. Blütenähre über das Wasser hinausgehoben, bis 3 cm lang. Blütezeit Juni bis August. Ausdauernd.

Vorkommen: In stehenden und fließenden, meist nährstoffreichen Gewässern in Wassertiefen zwischen 50 und 600 cm, auf Schlamm- und Mudde- sowie auf sandigen Böden, leichte Verschmutzung und geringe Sichttiefen ertragend. In Großlaichkraut-Gesellschaften, mitunter eigene Bestände bildend; auch in Schwimmblatt-Gesellschaften sowie in verschiedenen Vergesellschaftungen des fließenden Wassers.

Verbreitung: Gemäßigte bis kühle Zonen Eurasiens, in N-Amerika nur im hohen Norden, ferner Mittelamerika, Australien, N- und Zentral-Afrika. In Deutschland im Flachland und in den Flußniederungen häufig bis zerstreut, sonst selten, stellenweise erloschen.

Potamogeton crispus L.
Krauses Laichkraut

Wasserpflanze mit dünnem Wurzelstock und bis 200 cm langen, verzweigten Stengeln, Blätter sämtlich untergetaucht, länglich bis länglich-lanzettlich, 4 bis 6 cm lang, 0,5 bis 1 cm breit, am Rande meist wellig-kraus, vorn meist stumpf. Blütenähren kurz, kaum über 2 cm lang, wenigblütig, über das Wasser hinausgehoben. Blütezeit Juni bis August. Ausdauernd.

Vorkommen: In stehenden und fließenden, nährstoffreichen Gewässern in 30 bis 300 cm Wassertiefe auf humosen Schlammböden, Nährstoffzeiger, Wasserverschmutzung und -trübung gut ertragend und daher oft noch in stärker belasteten Gewässern. In verschiedenen Wasserpflanzen-Gesellschaften nährstoffreicher Standorte, stellenweise auch eigene Bestände bildend.

Verbreitung: In den gemäßigten und warmen Zonen der nördlichen Erdhalbkugel weit verbreitet, ferner Indien, Java, Australien und Neuseeland. In Deutschland meist häufig bis zerstreut, im oberen Bergland zurücktretend.

Sonstiges: Das Zusammengedrückte Laichkraut (*P. compressus* L.) ist kenntlich an den stark zusammengedrückten und meist geflügelten, bis 2 m langen Stengeln, Blätter schmal bandförmig, 3 bis 4 mm breit und 8 bis 15 cm lang, vorn abgerundet oder zugespitzt, mit 2 Paar stärkeren und zahlreichen dünneren Seitennerven; Pflanze insgesamt grasartig. Ähre oft nur 1 cm lang, dicht und reichblütig. Die im nördlichen Eurasien weit verbreitete Art wächst vorwiegend in nährstoffreichen, meist stehenden Gewässern; in Deutschland ist sie zerstreut bis selten, streckenweise auch fehlend. Diese Art sollte nicht mit dem Stachelspitzigen Laichkraut (*P. mucronatus,* s. Seite 113) verwechselt werden!

Hottonia palustris L.
Wasserfeder, Wasserprimel

Untergetauchte Wasserpflanze mit kriechendem, im Schlamm wurzelndem Wurzelstock, Blätter wechsel- und oft fast quirlständig bis rosettenartig, kammförmig eingeschnitten, hellgrün. Blüten in 3 bis 6blütigen Quirlen am Ende eines 20 bis 40 cm langen, über das Wasser hinausgehobenen Blütenstengels, 20 bis 25 mm im Durchmesser, Kronblätter weiß bis schwach rötlich, Frucht eine Kapsel. Blütezeit April bis Juni. Ausdauernd (wintergrün).

Vorkommen: In meist flachen Kleingewässern, wie Gräben, Tümpeln und Schlenken des nassen Erlenbruchwaldes mit mäßig nährstoffreichem, klarem Wasser über torfigen Schlamm- und Sandböden, unempfindlich gegen zeitweiliges Trockenfallen, jedoch empfindlich gegen Abwässer. Kennart einer eigenen Gesellschaft (Hottonietum), auch in Wasserhahnenfuß- und Froschbiß-Gesellschaften und in nassen Ausbildungen des Erlenbruchwaldes.

Verbreitung: In den gemäßigten Zonen Europas, ostwärts bis ins westliche O-Europa, vereinzelt in Kleinasien. In Deutschland im Flachland sowie in den Talniederungen des Rhein-, Main- und Donau-Gebietes häufig bis zerstreut, örtlich häufiger, sonst selten und streckenweise völlig fehlend.

Najas marina L.
Nixkraut

Untergetauchte, im Boden wurzelnde, unter Wasser blühende und fruchtende Wasserpflanzen mit 10 bis 50 cm hohen, steifen, oft brüchigen und gabelig verzweigten Stengeln, Blätter gegenständig, grob gewellt, 10 bis 40 mm lang, Blattrand gezähnelt. Zweihäusig. Blüten in den Blattachseln, unscheinbar. Blütezeit Juni bis September. Einjährig. Die Art zerfällt in die beiden Unterarten *N. m. marina*, Großes Nixkraut, 20 bis 35 cm lang, Blätter breit linealisch, oliv- bis dunkelgrün, auf dem Mittelnerv des Rückens nicht oder kaum stachelspitzig, und *N. m. intermedia*, Mittleres Nixkraut, Blätter schmäler, 12 bis 20 mm lang, heller grün, auf dem Mittelnerv des Blattrückens regelmäßig stachelspitzig.

Vorkommen: In stehenden oder langsam fließenden Gewässern meist in geringer Wassertiefe (10 bis 60 cm) auf sandigem oder schlammigem Grund, wärmeliebend und von Jahr zu Jahr in der Menge schwankend. Das Große Nixkraut in nährstoffreichen, oft trüben Gewässern, an der Küste auch im Brackwasser, Kennart einer eigenen Gesellschaft (Najadetum marinae), auch in Laichkraut- und Seerosen-Gesellschaften. Das Mittlere Nixkraut in nur mäßig nährstoffreichen, klaren, meist Characeen-reichen Seen auf weichen Gyttja-Böden bis in 2 m Wassertiefe, meist zwischen lockerem Röhricht oder am Röhrichtrand, Kennart einer eigenen Gesellschaft (Najadetum intermediae), aber auch in Kleinlaichkraut-Gesellschaften, an der Ostsee auch im Brackwasser.

Najas minor Allioni
Kleines Nixkraut

Untergetauchte, im Boden wurzelnde Wasserpflanze mit 5 bis 25 cm hohen Sprossen, zart und zerbrechlich, Blätter 1 bis 2 cm lang, 0,5 cm breit, schmal linealisch, bogig zurückgekrümmt, an der Stengelspitze büschelig gehäuft. Einhäusig. Blüten unscheinbar, unter Wasser blühend. Blütezeit Juni bis August. Einjährig.

Vorkommen: In stehenden, auch nährstoff- und kalkreichen, klaren, sich sommerlich stärker erwärmenden Gewässern, insbesondere in ruhigen Seebuchten und Kleingewässern in geringer bis mäßiger Tiefe auf schlammigem Grund. Kennzeichnet eine besonders wärmeliebende Ausbildung der Nixkraut-Gesellschaften.

Verbreitung: Hauptverbreitung in den tropischen und subtropischen Gebieten Afrikas und Asiens, von hier aus durch Zugvögel in die gemäßigten Zonen Eurasiens verschleppt, in Europa im Süden relativ häufig, im Norden fehlend. In Deutschland sehr selten und unbeständig, vor allem in den sommerwarmen Gebieten im östlichen Flachland und im Oberrheingebiet, nur in warmen Sommern entwickelt, viele frühere Vorkommen wieder erloschen.

Sonstiges: In der nacheiszeitlichen Wärmezeit waren die Nixkräuter in Europa wesentlich häufiger als heute. Ihr Areal reichte weiter nach Norden.

Aldrovanda vesiculosa L.
Wasserfalle

Untergetauchte wurzellose, im Wasser treibende Wasserpflanze mit 10 bis 25 cm langen Sprossen, Blätter zu 6 bis 10 in dichtgedrängten Quirlen, die stielartige Blattbasis in 4 bis 6 pfriemliche Borsten auslaufend, Spreite rundlich-nierenförmig, beim Berühren zusammenklappend. Blüten klein, Kronblätter grünlichweiß. In Deutschland nicht zur Blüte kommend. Ausdauernd (mit Winterknospen überwinternd).
Vorkommen: In flachen, sich sommerlich stark erwärmenden, mäßig nährstoffreichen Gewässern, insbesondere in Schlenken und Lücken von Großseggen-Rieden und Röhrichten. In Froschbiß- und Kleinwasserschlauch-Gesellschaften.
Verbreitung: Hauptareal in tropischen bis subtropischen Gebieten Afrikas, Indonesiens und Australiens, von hier aus offenbar durch Vogelzug nordwärts verschleppt und verschiedene, mehr oder weniger beständige Teilareale in Eurasien einnehmend; in Deutschland sehr selten und auf sommerwarme Gebiete beschränkt, meist nur einige Jahre oder Jahrzehnte auftretend und dann wieder verschwindend, z.B. Bodensee-Gebiet, Brandenburg (Rheinsberg, südl. Uckermark, Sperenberg).
Sonstiges: Die Wasserfalle gehört zu den tierfangenden und -verdauenden Pflanzen (Karnivoren, Insektivoren); der Fang der Beutetiere (meist Kleinkrebschen) erfolgt nach dem Klappfallenprinzip.

Lagarosiphon major (Ridley) Moos
Südafrikanische Wasserpest, Wassergirlande

Untergetauchte Wasserpflanze vom Aussehen einer Wasserpest, Stengel bis 180 cm lang, dicht beblättert, Blätter dunkelgrün, wechselständig, schmal lanzettlich, 1 bis 1,6 cm lang, zugespitzt und deutlich zurückgebogen. Blüten zweihäusig, männliche in Büscheln, weibliche einzeln. In Mitteleuropa nicht blühend. Ausdauernd.
Vorkommen: Stehende, sich im Sommer stark erwärmende Gewässer.
Verbreitung: Einheimisch in Südafrika, als Aquarienpflanze auch nach Europa verschleppt und stellenweise eingebürgert, und zwar: Oberitalien, Schweiz, England, Irland, NW-Frankreich, Österreich und Deutschland (Schwansee bei Hohenschwangau, Rheinland-Pfalz).
Sonstiges: Die im warm-gemäßigten S-Amerika beheimatete Dichte Wasserpest (*Egeria densa* (Planch.) Caspary) ist eine häufige und beliebte Aquarienpflanze für Warmwasserbecken. Sprosse untergetaucht, 30 bis 60 cm lang, Blätter zu 4 bis 5 in Quirlen, etwa 2 cm lang. Blüten 10 bis 20 mm breit, weiß, aus dem Wasser ragend. Die Art ist in W- und S-Europa stellenweise, in Mitteleuropa jedoch nur vereinzelt in Warmwassergräben, eingebürgert, in Deutschland sonst nur vorübergehend hier und da in stehenden oder langsam fließenden Gewässern eingeschleppt oder ausgesetzt.
Ebenfalls eine häufige Aquarienpflanze ist die im tropischen bis subtropischen Amerika heimische Wasserschraube (*Vallisneria spiralis* L.) mit grundständigen schmalen, bandförmigen, mitunter bis über 1m langen Blättern; die sehr kleinen weißen männlichen und weiblichen Blüten an dünnen Stielen, auf der Wasseroberfläche schwimmend, Fruchtstiele sich schraubenartig einrollend. Die wärmeliebende Art ist in S- und W-Europa mancherorts eingebürgert, in Mitteleuropa nur in einigen Thermalgewässern und im Bereich warmer Abwässer, sonst hier und da nur vorübergehend eingeschleppt.

Ceratophyllum demersum L.
Rauhes Hornblatt

Vollständig untergetauchte, freischwimmende oder mit farblosen Rhizoiden im Boden verankerte, wurzellose Wasserpflanze mit 30 bis 100 cm langen, oft reich verzweigten und dicht beblätterten Sprossen, Blätter dunkelgrün, in 7 bis 12zähligen Wirteln, 15 bis 25 cm lang, 1- bis 2mal gabelig geteilt, starr, die pfriemlichen Zipfel dicht stachelig gezähnt. Männliche und weibliche Blüten einzeln an verschiedenen Wirteln, unscheinbar, grün, unter Wasser blühend; Frucht mit einem endständigen und zwei grundständigen Stacheln. Blütezeit Juli bis September. Ausdauernd. Überwinterung durch vegetative Sproßteile (Turionen).

Vorkommen: In stehenden oder schwach fließenden, nährstoffreichen, sommerwarmen, meist flachen Gewässern über schlammigem Grund, Nährstoffzeiger, auch noch in relativ stark belasteten Gewässern, salztolerant und daher auch im Brackwasser; Schwerpunkt in Froschbiß-, Laichkraut- und Seerosen-Gesellschaften, stellenweise auch eigene Bestände (Ceratophyllum demersum-Gesellschaft) bildend.

Verbreitung: Mit Ausnahme der arktischen Zonen weltweit verbreitet. In Deutschland in den warmen Tieflands- und Auenlandschaften häufig. Sonst zerstreut bis selten, in den höheren Gebirgslagen meist fehlend, vereinzelt bis 950 m aufsteigend.

Sonstiges: Seltener ist das Zarte Hornblatt (*C. submersum* L.) mit hellgrünen, 3- bis 4mal gabelteiligen Blättern. Die reife Frucht besitzt keine grundständigen Stacheln. Es wächst in flachen, z.T. nur temporären, sich sommerlich stärker erwärmenden stehenden Gewässern.

Hydrilla verticillata (L. fil.) Royle
Grundnessel, Wasserquirl

Untergetauchte Wasserpflanze mit reich verzweigten, 15 bis 300 cm langen dichtbeblätterten Sprossen, Blätter in 4- bis 8zähligen Quirlen, linealisch bis lanzettlich, 10 bis 20 mm lang, scharf gesägt, am Grunde mit 2 gefransten Achselschüppchen. Zweihäusig. Blüten einzeln, gestielt, unscheinbar. Blütezeit Juli bis August. Ausdauernd.

Vorkommen: In mäßig bis schwach nährstoffreichen Seen, vor allem in Characeen-reichen Klarwasserseen in 50 bis 350 cm tiefem Wasser über schlammigem Grund.

Verbreitung: Zerstreute Teilareale in verschiedenen wärmeren Gebieten der Erde, z.B. Oberes Nilgebiet, Madagaskar, Mauritius, Australien, S- und O-Asien, Panama, Florida, nordöstl. Mitteleuropa (Masuren, Hinterpommern), Österreich (Warmbach b. Villach). Ein früheres Vorkommen im Müggelsee bei Berlin ist erloschen.

Sonstiges: Die Art wird auch vielfach als Aquarienpflanze gezogen sowie für Gartenteiche empfohlen. Die in Mitteleuropa konkurrenzschwache Grundnessel wurde an ihren hiesigen Vorkommen vielfach durch die Kanadische Wasserpest (*Elodea canadensis*, vgl. Seite 140) zurückgedrängt. In tropischen Gebieten ist sie wesentlich wüchsiger, so stellt sie zum Beispiel in Florida und Indonesien ein lästiges Unkraut in Wasserläufen und Bewässerungskanälen dar.

Elodea canadensis L. C. Richard
Kanadische Wasserpest

Untergetauchte, im Boden wurzelnde Wasserpflanze mit 30 bis 60 cm langen, dicht beblätterten Sprossen, Blätter in dreizähligen Quirlen, länglich-lanzettlich, 6 bis 13 mm lang und 1 bis 5 mm breit, dunkelgrün; Pflanze zweihäusig, in Mitteleuropa jedoch nur weibliche Exemplare bekannt. Blüten klein, zart, Kronblätter 2 bis 5 mm lang, weiß, an fädigen Stielen über den Wasserspiegel ragend, nur in warmen Sommern erscheinend. Blütezeit Juni bis August. Ausdauernd.

Vorkommen: In stehenden und fließenden nährstoffreichen Gewässern auf schlammigem oder sandigem Grund, Schwerpunkt in flachen Gewässern, leichtere Verschmutzungen ertragend; in verschiedenen Wasserpflanzen-Gesellschaften, vielfach auch Reinbestände (Elodea canadensis-Gesellschaft) bildend.

Verbreitung: Einheimisch in N-Amerika, seit 1836 in Europa und hier weit verbreitet. In Deutschland seit 1859 (Havel), seitdem überall vorhanden und heute fast überall häufig.

Sonstiges: In der 2. Hälfte des 19. Jahrhunderts entwickelte die Art mancherorts Massenbestände, welche Schiffahrt, Fischerei und Wasserabfluß erheblich behinderten und große Kosten verursachten.

Elodea nuttallii (Planchon) St. John
Nuttalls Wasserpest

Der vorigen ähnliche Wasserpflanze, aber Blätter dünner und schlaffer, oft in sich unregelmäßig gedreht, blaßgrün, Blüten etwas kleiner, hellviolett. Zweihäusig, in Mitteleuropa männliche und weibliche Pflanzen vorhanden. Blütezeit Juni bis September. Ausdauernd.

Vorkommen: Oft zusammen mit *E. canadensis* und diese stellenweise zurückdrängend. Vor allem in Laichkraut-Gesellschaften, zeitweilig ebenfalls Massenbestände bildend (Hannover: Masch-See).

Verbreitung: Heimisch im nordöstlichen N-Amerika, seit den dreißiger Jahren in Europa eingeschleppt und heute in W-Europa stellenweise eingebürgert. In Deutschland seit 1953 eingebürgert und sich seitdem weiter ausbreitend, aber auf die wintermilden Gebiete im Westen und Nordwesten beschränkt.

Sonstiges: Die Argentinische Wasserpest (*E. callitrichoides* (L.C. Richard) Caspary) aus dem südlichen S-Amerika, in Europa als Aquarienpflanze eingeführt, hat sich im Oberrheingebiet und in Niedersachsen vereinzelt in stehenden und schwachfließenden Gewässern eingebürgert. Pflanze ähnlich *E. nuttallii*, aber Blätter etwas länger, Blüten größer, 5 bis 10 mm breit, weiß.

Ranunculus circinatus Sibth.
(*Ranunculus divaricatus* auct.)
Spreizender Hahnenfuß

Wasserhahnenfuß-Art mit bis 300 cm langen Sprossen, Tauchblätter kurz gestielt oder sitzend, Blattspreite im Umriß kreisförmig (circinatus!), mehrfach dreiteilig oder gabelig geteilt, Zipfel starr borstenförmig gespreizt, beim Herausziehen aus dem Wasser nicht zusammenfallend, Schwimmblätter fehlen. Blüte mittelgroß, 13 bis 20 mm im Durchmesser, Kronblätter weiß. Blütezeit Juni bis August. Ausdauernd.
Vorkommen: In stehenden oder langsamfließenden, nährstoff- und kalkreichen Gewässern über humosem Schlamm meist in 1 bis 3 m Tiefe, in Gräben auch in geringeren Tiefen, vor allem in Seen, Altwässern und Teichen, sommerwärmeliebend, durch Nährstoffzunahme zuerst gefördert, bei stärkerer Belastung jedoch zurückgehend. Vor allem in Laichkraut- und Seerosen-Gesellschaften, mitunter auch eigene Bestände (Ranunculetum circinati) bildend.
Verbreitung: Gemäßigte Zonen Eurasiens, in Europa im Norden und Süden fehlend. In Deutschland in gewässer- und kalkreichen Landschaften häufig bis zerstreut, sonst selten und streckenweise fehlend, im Alpenvorland bis 780 m.

Ranunculus trichophyllus
Chaix
(*Ranunculus paucistamineus* Tausch)
Haarblättriger Wasser-Hahnenfuß

Wasserhahnenfuß-Art mit bis 100 cm langen Sprossen, Tauchblätter bis 40 mm lang gestielt, Blattspreite kugelig bis verkehrt-kegelig, mehrfach zerteilt, Zipfel haarförmig, schlaff, Schwimmblätter fehlend. Blüten klein, meist unter 10 mm im Durchmesser. Kronblätter weiß. Blütezeit Mai bis Juli. Ausdauernd.
Vorkommen: In flachen stehenden und fließenden Gewässern wie Gräben, Tümpel, Teiche und Uferbereiche von Seen mit mehr oder weniger nährstoffreichem Wasser über schlammigem Grund, kalk- und etwas wärmeliebend, wenig empfindlich gegen Belastungen und zeitweises Austrocknen des Standortes, salztolerant und daher auch in brackischen Gewässern, z.B. gern in der Nähe von Binnensalzstellen. In Laichkraut- und Seerosen-Gesellschaften, auch eigene Bestände bildend (Ranunculetum trichophylli), ferner in Fluthahnenfuß-Gesellschaften kalkreicher Fließgewässer.
Verbreitung: In den gemäßigten Zonen der nördlichen Erdhalbkugel weit verbreitet, ferner in N- und S-Afrika, SO-Australien und Tasmanien. In Deutschland im Norden zerstreut bis selten, im Süden häufiger.

Myriophyllum spicatum L.
Ähriges Tausendblatt

Untergetauchte Wasserpflanze mit 40 bis 275 cm langem, mäßig verzweigtem Stengel, die einfach gefiederten Blätter mit 13 bis 38 borstlichen Fiederzipfeln in meist vierzähligen Quirlen an den oft rötlich gefärbten Sprossen. Die unscheinbaren rötlichen und gelblichen, teils weiblichen, teils männlichen Blüten sitzen an der Spitze der Sprosse in einem 4 bis 16 cm langen, über den Wasserspiegel gehobenen ährigen Blütenstand, Tragblätter meist kürzer als die Blüten. Blütezeit Juni bis August. Ausdauernd.

Vorkommen: In stehenden und fließenden nährstoffärmeren bis nährstoffreichen Gewässern in Tiefen zwischen 50 und 500 cm, optimal in 150 bis 200 cm Wassertiefe über Schlamm-, Sand- und Torfböden, unempfindlich gegen mäßige Verschmutzung und daher auch noch in Gewässern mit geringer Sichttiefe, salztolerant und daher auch in brackigen Gewässern. In zahlreichen Laichkraut- und Schwimmblatt-Gesellschaften, auch eigene Bestände bildend.

Verbreitung: In großen Teilen der gemäßigten und kühlen Zonen der nördlichen Erdhalbkugel, nordwärts vereinzelt bis zum Eismeer, ferner in Afrika und SO-Asien. In Deutschland in den Seengebieten und Flußniederungen häufig, sonst zerstreut bis selten, im Bergland vielfach fehlend.

Myriophyllum verticillatum L.
Quirliges Tausendblatt

Untergetauchte Wasserpflanze mit 50 bis 200 cm langen, mäßig verzweigten Sprossen, die 25 bis 45 mm langen gefiederten Blätter mit 25 bis 30 linealischen Fiederzipfeln sitzen in meist fünfzähligen Quirlen an den grünen Sprossen. Die grünlichen Blüten am Ende der Sprosse stehen in einem ährigen, 7 bis 20 cm langen, über den Wasserspiegel gehobenen Blütenstand; die kammartig-fiederteiligen Tragblätter sind länger als die Blüten. Blütezeit Juni bis August. Ausdauernd.
Vorkommen: In stehenden ruhigen, mäßig bis schwach nährstoffreichen Gewässern in Tiefen von 30 bis 300 cm über humosen Schlamm-, Torf-, Sand- oder Tonböden, überwiegend in klaren Gewässern und gegen Verschmutzung empfindlich, zeitweise Austrocknung ertragend und auf nassem Schlamm Landformen bildend. In Schwimmblatt- und Laichkraut- sowie in Wasserlinsen-Gesellschaften mäßig nährstoffreicher Standorte; Kenn- bzw. Trennart des Myriophyllo-Nupharetum.
Verbreitung: In den gemäßigten und kühlen Zonen der nördlichen Erdhalbkugel weit verbreitet, südwärts bis NW-Afrika, jedoch in S-Europa vielfach selten. Verbreitung in Deutschland ähnlich wie *M. spicatum*, jedoch oftmals seltener und stellenweise bereits erloschen.

Myriophyllum heterophyllum Michaux
Verschiedenblättriges Tausendblatt

Untergetauchte Wasserpflanze mit 30 bis 150 cm langen, spärlich verzweigten Sprossen, Blätter einfach gefiedert mit 10- bis 20pfriemlichen, bis 20 mm langen Fiederzipfeln in 4- 5zähligen Quirlen. Die weißlichgrünen Blüten stehen am Ende der Sprosse in 10 bis 15 cm langen, ährigen Blütenständen, welche aufrecht über die Wasseroberfläche gehoben werden. Charakteristisch für diese Art sind die ungeteilten lanzettlichen, die Blüten weit überragenden Tragblätter. Blütezeit Juni bis Juli. Ausdauernd.
Vorkommen: In stehenden oder langsam fließenden, meist flacheren und ± nährstoffreichen Gewässern in 50 bis 200 cm Wassertiefe auf schlammigem oder sandigem Grund. Meist in Laichkraut-Gesellschaften, aber auch eigene Bestände bildend.
Verbreitung: Einheimisch im östlichen und südlichen N-Amerika, als Aquarienpflanze nach Europa gebracht, hier mehrfach ausgesetzt und stellenweise eingebürgert. In Deutschland im Elbe-Elster-Kanal bei Leipzig und an verschiedenen Stellen in der Niederlausitz in Teichen, Altwässern und Grubengewässern, offenbar in weiterer Ausdehnung begriffen. Bei uns zwar reichlich blühend, aber nicht fruchtend.

Crassula helmsii (T. Kirk) Cockayne
Helms-Dickblatt

Wasser- und Uferpflanze mit bis 15 cm langen, flutenden oder kriechenden Stengeln, Blätter gegenständig, etwas fleischig, schmal linealisch bis lanzettlich, 4 bis 15 mm lang. Blüten einzeln in den Achseln der oberen Blätter, klein, 2 bis 4 mm im Durchmesser, vierzählig, Kronblätter weiß bis blaßrosa. Blütezeit Juli bis Oktober. Ausdauernd.

Vorkommen: In flachen Gewässern bis 50 (bis 100) cm Tiefe, ziemlich dichte Bestände bildend, auch auf feuchtem Boden an Ufern in bis 5 cm hohen dichten Matten.

Verbreitung: Heimisch in Australien und Neuseeland. In England seit 1927 als Gartenteich- und Aquarienpflanze im Handel und inzwischen stellenweise eingebürgert. In Deutschland erstmals 1981 gefunden und seitdem in Ausbreitung: Pfälzerwald, Vorder- und Nordpfalz, Westfalen und Raum Osnabrück.

Sonstiges: Von den in Europa heimischen *Crassula-Arten* kommen *C. tillaea* Lester-Garland, *C. aquatica* (L.) Schönland und *C. vaillantii* (Willdenow) Roth sehr selten und unbeständig auch in Deutschland vor. Diese sehr kleinen, einjährigen, niedrigen Pflanzen mit fleischigen, gegenständigen, ganzrandigen Blättern und 3- bis 4zähligen rosa oder weißen Blütchen wachsen auf feuchten Böden an Ufern, auf Teichböden und in Ackersenken vor allem in Zwergbinsen-Gesellschaften.

6 Schwimmblatt-Zonen

Schwimmblatt-Zone in einem mäßig nährstoffreichen tiefen See.

Schwimmblattpflanzen haben ihre Hauptentfaltung in stehenden nährstoffreichen Gewässern, doch sind einige von ihnen, wie See- und Teichrose, auch in nährstoffarmen (oligotrophen) Gewässern und in Moorgewässern zu finden; manche Arten sind überhaupt auf derartige Gewässer beschränkt (*Nuphar pumila, Potamogeton polygonifolius,* siehe Seite 94 und 93). Die großblättrigen Arten bilden in den Seen vor dem Röhricht oft ausgedehnte, dichtere bis lockere Schwimmblatt-Zonen. Größere Bestände finden sich vor allem in windgeschützten ruhigen Seebuchten, und die Wasserflächen kleinerer und flacherer Seen, Altwässer und Teiche werden nicht selten fast völlig von Schwimmblatt-Pflanzen bedeckt. Von ihnen sind Weiße Seerose, Gelbe Teichrose, Schwimmendes Laichkraut und Wasser-Knöterich weit verbreitet und vielfach häufig, während die wärmeliebenden Arten Wassernuß und Seekanne sich auf wenige spezielle Fundplätze in sommerwarmen Gebieten beschränken. Die kleinblättrigen Schwimmblattpflanzen, zu denen neben verschiedenen Wasserhahnenfuß-Arten auch einige Wasserstern-Arten mit ihren auf dem Wasserspiegel schwimmenden Blattrosetten gehören, haben ihren Lebensraum häufiger in Kleinge-

Schwimmblatt-Zone in einem nährstoffreichen flachen See.

wässern wie Gräben und Tümpeln, die von diesen Arten mitunter völlig ausgefüllt werden. Die meisten Schwimmblattpflanzen werden durch Wasser und Wasservögel verbreitet. Obwohl viele von ihnen gegen Gewässereutrophierung relativ unempfindlich sind und See- und Teichrosen in stärker belasteten Seen oft noch die einzigen Wasserpflanzen darstellen, sind doch fast alle von ihnen gefährdet, besonders natürlich die selteneren Arten. Die Hauptgefährdung geht in größeren Gewässern von Schifffahrt, Gewässerausbau und Uferverbauung, Bootsverkehr und Erholungsnutzung aus, in kleineren von Entkrautungen, Trockenlegungen, Begradigungen und Verfüllungen.

Nymphaea alba L.
Weiße Seerose

Schwimmblattpflanze mit armdickem, verzweigtem Wurzelstock, Schwimmblätter oval bis rundlich, 15 bis 30 cm lang und 12 bis 25 cm breit, am Grund tief eingeschnitten, ganzrandig, auf der Wasseroberfläche aufliegend, seltener ein kleines Stück über den Wasserspiegel hinausgehoben, oberseits dunkelgrün, glänzend, unterseits mattgrün oder rötlich, Hauptnerven der Basallappen fast gerade oder nur wenig gebogen. Blüten langgestielt, 9 bis 12 cm im Durchmesser, Kronblätter zahlreich, weiß, allmählich in die ebenfalls zahlreichen schwefel- oder dottergelben Staubblätter übergehend; Narbenscheibe so breit wie die Breite der Frucht. Blütezeit Juni bis September. Ausdauernd.

Vorkommen: In stehenden und langsamfließenden Gewässern bis in 250 (bis 300) cm Wassertiefe, meist in nährstoffreicheren, aber auch in ärmeren sowie in Moorgewässern über Schlammböden; Eutrophierung in hohem Maße ertragend, aber empfindlich gegen starken Wellenschlag und daher hauptsächlich in windgeschützten Gewässern und Seebuchten. Bestandteil von Schwimmblatt-Gesellschaften und Kennart der Tausendblatt-Teichrosen-Gesellschaft (Myriophyllo-Nupharetum), auch eigene Bestände bildend.

Verbreitung: Fast im gesamten warmen und gemäßigten Europa, im Kaukasusgebiet, in Kaschmir und Palästina. In Deutschland vom Tiefland bis in die Alpen meist häufig, in den höheren Gebirgslagen seltener oder fehlend.

Nymphaea candida C. Presl
Schneeweiße Seerose

Der Weißen Seerose sehr ähnliche Schwimmblattpflanze, aber in allen Teilen kleiner, Hauptnerven der Basallappen der Schwimmblätter bogenförmig gekrümmt. Blütenbasis deutlich 4kantig, Blüte 6 bis 8 cm im Durchmesser, oft nur halb geöffnet, Narbenscheibe deutlich schmaler als die Breite der Frucht.
Vorkommen: In Deutschland in ärmeren Gewässern, insbesondere in Heideteichen und Torfstichen.
Verbreitung: Kontinentale Art, Hauptverbreitung in O-Europa und Sibirien, auch in N-Europa, in M-Europa vor allem im Osten, sonst nur vereinzelte Vorpostenvorkommen westwärts bis ins Rheingebiet, die Niederlande und N-Spanien. In Deutschland meist selten, z.B. in der Lüneburger Heide und in der Oberpfalz; in der Pfalz, in Franken und Bayern erloschen. Nicht selten Verwechslungen mit N. alba.
Sonstiges: Die Wohlriechende Seerose (*N. odorata* Aiton), Schwimmblätter fast kreisrund. 12 bis 25 cm breit mit ganz kurz vorgezogenen Spitzen, Blüten weiß oder rötlich, sehr wohlriechend, und die Knollige Seerose (*N. tuberosa* Paine), Rhizom knollenartig gegliedert, Schwimmblätter unterseits grün, 10 bis 40 cm breit mit spitzen Basalzipfeln, Kelchblätter bei offener Blüte weit zurückgeschlagen, beide Arten aus dem östlichen N-Amerika, werden in verschiedenen Sorten und Hybriden in Gartenteichen, mitunter auch in natürlichen Gewässern, ausgepflanzt.

Nymphaea rubra Roxburgh
Rote Seerose

Schwimmblattpflanze mit eiförmigem bis kugeligem Wurzelstock, Blätter oval-rundlich, oberseits bräunlichgrün, unterseits dunkellila, am Rande gewellt und scharf gezähnelt. Blüten leuchtend karminrot, 16 bis 20 cm im Durchmesser. Blütezeit Juni bis September. Ausdauernd.
Vorkommen: In Thermalgewässern mit Wassertemperaturen um 30°C, im flachen Wasser auf schlammigem Grund, stellenweise Reinbestände bildend.
Verbreitung: Heimisch im tropischen bis subtropischen Ostindien. In Thermalbädern angepflanzt und in Ungarn stellenweise in Thermalgewässern eingebürgert.
Sonstiges: Kreuzungen dieser Art mit den zuvor genannten weißblühenden Seerosen-Arten ergaben eine große Zahl rot- und rosablühender, mehr oder weniger winterharter Gartensorten. Daneben als Pflanzen der Gartenteiche auch rosa und rötlich blühende Mutanten und Auslesen der europäischen und nordamerikanischen *Nyphaea*-Arten. Gelbblühende Sorten beruhen auf Einkreuzung von *N. mexicana* Zucc. aus den südlichen USA und Mexiko. Gelegentlich findet man in Deutschland derartige Garten-Hybriden auch in Seen und Grubengewässern ausgepflanzt.

Nuphar lutea (L.) J. E. Smith
Gelbe Teichrose, Mummel

Schwimmblattpflanze mit 3 bis 8 cm dickem, langgestrecktem Wurzelstock, salatartigen Tauchblättern und langgestielten, 12 bis 40 cm langen und 8 bis 30 cm breiten Schwimmblättern, die am Grund tief herzförmig ausgeschnitten sind. Blüten gelb, Blütenhülle aus 5 kelchartigen Hüllblättern und etwa 13 kleineren kronblattartigen Honigblättern, 4 bis 5 cm im Durchmesser. Blütezeit Juni bis September. Ausdauernd.

Vorkommen: In stehenden und langsam bis mäßig schnell fließenden Gewässern (in den letzteren oft nur als Unterwasserform) in 30 bis 300 cm tiefem Wasser, von nährstoffreichen bis in arme und in Moorgewässer. Hauptsächlich in Schwimmblatt-Gesellschaften und Kennart der Tausendblatt-Teichrosen-Gesellschaft, in Moorseen meist artenarme Bestände bildend.

Verbreitung: Im warm-gemäßigten bis kühlen Eurasien weit verbreitet, im Mittelmeergebiet selten und stellenweise fehlend; auch in Klein- und Vorderasien, im Kaukasus-Gebiet und in N-Afrika. In Deutschland vom Tiefland bis in die Alpen weit verbreitet und meist häufig, jedoch in einigen Bergländern selten und streckenweise fehlend.

Nymphoides peltata (S. G. Gmelin) O. Kuntze
(*Limnanthemum nymphaeoides* Link)
Seekanne

Schwimmblattpflanze mit langem kriechendem Wurzelstock, Schwimmblätter langgestielt, Spreite oval bis fast kreisrund mit tief herzförmigem Grunde, 7 bis 13 cm lang und 6 bis 10 cm breit, oberseits hellgrün, unterseits rötlichviolettgrün. Blüten in Doldenrispen, Krone tief fünflappig, am Rande bärtig bewimpert, gelb. Blütezeit Juni bis August. Ausdauernd.
Vorkommen: In stehenden oder langsamfließenden Gewässern in geschützter Lage, insbesondere in Altwässern und Hochwasser-Kolken, auf nährstoffreichen Standorten mit humosen Sand-, Schlamm- und Tonböden in 5 bis 300 (optimal 20 bis 150) cm Wassertiefe, sommerwärmeliebend; Kennart der Seekannen-Gesellschaft (Nymphoidetum peltatae) vereinzelt auch in anderen Schwimmblatt-Gesellschaften und zwischen lockerem Röhricht.
Verbreitung: Südliches und mittleres Europa, nordwärts bis zur 16 °C-Juli-Isotherme, durch das gemäßigte Asien ostwärts bis Japan, in N-Amerika örtlich eingebürgert. In Deutschland meist selten, vor allem an den Unterläufen der großen Flüsse, in der Oberrheinischen Tiefebene und an der Donau; gefährdet und vielerorts im Rückgang.

Trapa natans L.
Wassernuß

Blätter in 15 bis 50 cm breiten Rosetten auf der Wasseroberfläche schwimmend, Blätter rautenförmig, stark unregelmäßig gezähnelt, lederartig derb, oberseits dunkelgrün, glänzend, Blattstiele blasig aufgetrieben und hohl. Blüten in den Achseln der Schwimmblätter, klein, weiß; einsamige Steinfrucht mit 4 Hörnern. Blütezeit Juni bis August. Einjährig.
Vorkommen: In flachen Seebuchten, Altwässern und Teichen mit nährstoffreichem, sich sommerlich über 25 °C erwärmendem Wasser über humosen Schlammböden in 20 bis 300 cm Wassertiefe (optimal 100 bis 200 cm); Kennart der Wassernuß-Gesellschaft (Trapetum natantis), auch in der Teichrosen- und Seekannen-Gesellschaft.
Verbreitung: Mehrere Teilareale in M-, SO- und O-Europa, stellenweise im Mittelmeergebiet, weitere Teilareale in N-Afrika, S- und SO-Asien und S-Sibirien; in N-Amerika und Australien eingebürgert. In Deutschland in sommerwarmen Gebieten, insbesondere in der nördlichen Oberrheinischen Tiefebene, im Gebiet der mittleren Elbe und im Spree-Dahme-Gebiet, anderenorts Vorkommen meist erloschen. Stark gefährdet und im Rückgang.
Sonstiges: Die Früchte sinken im Herbst in den Schlamm und keimen erst bei Wassertemperaturen von mindestens 12 °C. Die nußartig schmeckenden Früchte wurden früher gesammelt und gegessen („Stachelnüsse“).

Potamogeton natans L.
Schwimmendes Laichkraut

Laichkraut-Art mit binsenähnlichen bis linealisch-lanzettlichen Tauchblättern, welche zur Blütezeit bereits abgestorben sind, und eiförmigen bis länglich-elliptischen, 4 bis 12 cm langen und 5 bis 7 cm breiten, lederartig-derben, dunkel- bis bräunlichgrünen Schwimmblättern. Die grünlichen Blüten sitzen in einer 4 bis 5 cm langen, über den Wasserspiegel hinausragenden Ähre. Blütezeit Juni bis August. Ausdauernd.

Vorkommen: In stehenden und fließenden, meist etwas nährstoffärmeren Gewässern in Wassertiefen von 20 bis maximal 500 cm Wassertiefe auf humosen Schlamm-, Sand-, Lehm- und Tonböden; Wasserstandsschwankungen und ein zeitweiliges Trockenfallen des Standortes werden gut vertragen. In ärmeren Gewässern oftmals Reinbestände bildend, oft auch zusammen mit dem Wasserknöterich, sonst in verschiedenen Schwimmblatt- und Laichkraut-Gesellschaften.

Verbreitung: Auf der nördlichen Erdhalbkugel weit verbreitet, auch in S-Amerika, S-Afrika und auf Madagaskar. In Deutschland nahezu überall häufig, nur in gewässerarmen Landschaften seltener, in den Alpen bis 2550 m.

Polygonum amphibium L.
Wasser-Knöterich

Amphibisch lebende Knöterich-Art, deren Wasserform bis 300 cm lange Stengel mit länglich-eiförmigen, 5 bis 15 cm langen Schwimmblättern bildet. Die rosaroten Blüten stehen in dichten Ähren. Die steif aufrecht wachsende oder auch niederliegende Landform entwickelt 30 bis 65 cm lange Sprosse mit breit lanzettlichen, graugrünen Blättern. Blütezeit Juni bis September. Ausdauernd.

Vorkommen: Die Wasserform wächst als Schwimmblattpflanze in windgeschützten Seebuchten, Teichen und Tümpeln mit mäßig nährstoffreichem Wasser und schlammigem Grund; bei Austrocknung des Gewässers geht sie in die Landform über. Sie bildet teils eigene Bestände, teils wächst sie in anderen Schwimmblatt-Gesellschaften und im lockeren Röhricht, die Landform kommt vor allem in Spülsaum- und Zweizahn-Gesellschaften, in Röhrichten und als lästiges Unkraut auf vernäßten Äckern vor.

Verbreitung: In den gemäßigten bis kühlen Zonen weltweit verbreitet; in Deutschland vom Tiefland bis in das Bergland fast überall häufig, in den höheren Lagen seltener, in den Alpen bis 2200 m.

Ranunculus aquatilis L.
Wasser-Hahnenfuß

Diese Art (und die folgenden Arten) der weißblühenden Wasserhahnenfüße (Untergattung *Batrachium*) besitzen neben den haarförmig zerschlitzten Unterwasserblättern (Tauchblättern) auch flächige, zerteilte oder gelappte Schwimmblätter. Beim Wasser-Hahnenfuß im engeren Sinne ist die bis 3 cm breite Spreite der Schwimmblätter tief und meist bis zum Grunde 5- (3- bis 7-)lappig geteilt. Blüten mittelgroß, 0,8 bis 1,8 cm im Durchmesser mit kreisförmigen Nektargruben. Blütezeit Mai bis August. Einjährig oder ausdauernd.

Vorkommen: In Kleingewässern mit flachem, stehendem oder langsamfließendem, nährstoffreichem Wasser, konkurrenzschwach und daher gern in frisch ausgehobenen oder geräumten Gräben und Ausstichen, zeitweise Austrocknung ertragend und auf feuchtem Untergrund Landformen ausbildend. Vor allem in der Sumpfprimel-Gesellschaft (Hottonietum) und verwandten Graben- und Tümpel-Gesellschaften.

Verbreitung: Warm gemäßigte bis kühle Zonen der nördlichen Erdhalbkugel, auch in den Andengebieten S-Amerikas. In Deutschland zerstreut bis selten, nur stellenweise häufiger.

Ranunculus peltatus Schrank
Schild-Hahnenfuß

Wasserhahnenfuß mit bis 4 cm breiten, wenig eingeschnittenen oder grob gekerbten Schwimmblättern, Blüten groß, 2 bis 3 cm im Durchmesser, Nektargruben länglich-birnenförmig. Blütezeit April bis August. Einjährig oder ausdauernd.

Vorkommen: Typische Pflanze von Gewässern in Weide- und Teichlandschaften, insbesondere in Gräben, Tümpeln und Fischteichen mit flachem, nährstoffreichem, oft zusätzlich eutrophiertem Wasser über schlammigem Grund, im Bergland auch in Fließgewässern; zeitweiliges Trockenfallen ertragend und auf feuchtem Schlamm Landformen ausbildend. Oft in Massenbeständen, eine eigene Gesellschaft (Ranunculetum peltatae) bildend, jedoch auch in anderen Wasserpflanzen-Gesellschaften.

Verbreitung: In ganz Europa mit Ausnahme des äußersten Nordens, nach Osten und Süden hin seltener werdend, vereinzelt auch in N-Afrika. In Deutschland vom Tiefland bis in die Alpen mit Schwerpunkt im Flachland und in einigen Mittelgebirgen, im Süden seltener.

Ranunculus baudotii Godr.
Brackwasser-Hahnenfuß

Wasserhahnenfuß mit nierenförmigen bis kreisrunden, bis 3 cm breiten, tief 3- bis 5lappigen Schwimmblättern und steifen, spreizenden, nicht zusammenfallenden Tauchblättern. Blüten mittelgroß, bis 2 cm im Durchmesser, Kronblätter meist blauspitzig, Nektargruben halbmondförmig, Fruchtboden behaart, Früchtchen geflügelt. Blütezeit Mai bis August, einjährig oder ausdauernd.

Vorkommen: In Gräben, Tümpeln und Weihern mit brackigem Wasser auf schlammigem, sandigem oder kiesigem Grund, gern an offenen und gestörten Standorten, durch Eutrophierung gefördert. Kennart des Ranunculetum baudotii, auch in anderen Brackwasserpflanzen-Gesellschaften.

Verbreitung: In den Küstengebieten fast ganz Europas mit Schwerpunkt im westlichen Europa, südwärts bis N-Afrika. In Deutschland in den Küstengebieten von Nord- und Ostsee, vereinzelt auch an Binnensalzstellen (hier jedoch meist erloschen).

Sonstiges: Die Art wurde zuerst an lothringischen Binnensalzstellen entdeckt und beschrieben.

Der in den Küstengebieten W-Europas heimische Dreiteilige Wasser-Hahnenfuß (*R. tripartitus* DC.) kommt in Deutschland vereinzelt noch auf den Ostfriesischen Inseln und in Schleswig-Holstein vor, ist dort aber größtenteils ausgestorben. Die konkurrenzschwache, an nährstoff- und kalkarme Gewässer gebundene Art wird gekennzeichnet durch kleine weiße Blüten, deren 1,25 bis 4,5 mm lange Kronblätter sich mit den Rändern nicht überdecken, und tief dreiteilige Schwimmblätter.

Callitriche palustris L.
(*Callitriche verna* L.)
Sumpf-Wasserstern

Bei den meisten Wasserstern-Arten bilden die obersten Blätter eine auf dem Wasserspiegel schwimmende Blattrosette. Wegen der großen Vielgestaltigkeit der vegetativen Organe unter wechselnden Umweltbedingungen bereitet die Artbestimmung große Schwierigkeiten und ist meist nur anhand der reifen Früchte möglich.
Der Sumpf-Wasserstern besitzt linealisch-bandförmige, 13 bis 30 mm lange und 0,5 bis 1,6 mm breite, an der Spitze ausgerandete Tauchblätter, Schwimmblätter spatelförmig, 6 bis 15 mm lang, 1,5 bis 4 mm breit. Männliche und weibliche Blüten sitzen zusammen in einer Blattachsel; Früchte klein, 1 mm hoch und 0,7 bis 0,8 mm breit, verkehrt eirund, meist gegen die Basis zu etwas verengt. Blütezeit April bis Oktober. Ausdauernd oder einjährig.
Vorkommen: In flachen stehenden Kleingewässern, am Ufer von Flüssen und Altwässern, auch auf feuchten Waldwegen und auf Teichböden (siehe Seite 298). Meist in der Wasserfeder-Gesellschaft (Hottonietum), auch eigene Bestände bildend oder in anderen Schwimmblatt-Gesellschaften.
Verbreitung: In großen Teilen der nördlichen Erdhalbkugel, im Norden bis über den Polarkreis hinaus, südostwärts bis Indonesien, Neuguinea und Australien. In Deutschland vom Flachland bis in die Alpen häufig bis zerstreut.

Callitriche stagnalis Scopoli
Teich-Wasserstern

Wasserstern-Art mit linealisch-lanzettlichen oder linealisch-spateligen, 18 bis 30 mm langen und 1 bis 5 mm breiten, an der Spitze deutlich ausgerandeten Tauchblättern und spateligen, vorn breit ovalen, 6 bis 30 mm langen und 4 bis 7,5 mm breiten Schwimmblättern; Früchte kreisrund, blaß braungelb, Teilfrüchte breit geflügelt. Blütezeit Juni bis Oktober. Ausdauernd oder einjährig.
Vorkommen: In stehenden und fließenden, oft beschatteten, nährstoffreichen Gewässern über schlammigen oder sandig-humosen Böden, an trockengefallenen Schlammufern Landformen bildend, Salzeinfluß ertragend und daher auch im Brackwasser. In verschiedenen Wasser- und Uferpflanzen-Gesellschaften flacher stehender und fließender Gewässer, auch auf Schlammufern, Teichböden und nassen Waldwegen.
Verbreitung: In Europa weit verbreitet, auch in O-Afrika, Vorderindien und im Himalaya. In Deutschland meist zerstreut, stellenweise häufig, gebietsweise aber auch selten oder fehlend.

Callitriche platycarpa Kützing
Flachfrüchtiger Wasserstern

Dem Teich-Wasserstern sehr ähnliche Art, aber Früchte dunkler gefärbt, Teilfrüchte schmal geflügelt, untere Blätter linealisch, Rosettenblätter oval.
Vorkommen: In stehenden oder langsam fließenden flachen, nährstoffreichen Gewässern mit schlammigem Grund, aber auch in nährstoffarmen Gewässern mit reinen Sandböden, bis zu einem gewissen Grade Verschmutzung ertragend. In der Schwimmform in Wasserlinsen-, Wasserhahnenfuß- und Bachröhricht-Gesellschaften, in der Unterwasserform in Fluthahnenfuß-Gesellschaften.
Verbreitung: In W- und M-Europa verbreitet, sonst Verbreitung noch ungenügend bekannt. In Deutschland im Tiefland häufig, sonst zerstreut bis selten, in den höheren Gebirgslagen fehlend.
Sonstiges: Unterschiede zu dem sehr ähnlichen Teich-Wasserstern gibt es u.a. auch bei den Schildhaaren an den Stengeln (50fache Vergrößerung notwendig). Bei *C. stagnalis* ist das Schild der Stengelhaare symmetrisch und aus regelmäßigen Zellen zusammengesetzt, bei *C. platycarpa* aber asymmetrisch und aus meist sehr unregelmäßigen Zellen zusammengesetzt.

Callitriche cophocarpa Sendtner
Stumpfkantiger Wasserstern

Untergetauchte Blätter linealisch, 8 bis 20 mm lang und 0,5 bis 1 mm breit, an der Spitze halbkreisförmig ausgerandet, Schwimmblätter schmal, rautenförmig bis spatelig, 5 bis 15 mm lang, 1,8 bis 4 mm breit, an der Spitze abgerundet. Blüten mit großen und auffälligen Vorblättern; Früchte kreisrund oder elliptisch, Teilfrüchte auf dem Rücken gerundet oder schmal gekielt, ohne Flügel. Blütezeit Mai bis September. Ausdauernd, terrestrisch einjährig.
Vorkommen: In Kleingewässern mit mäßig nährstoffreichem Wasser über sandig-schlammigem Grund. In Laichkraut- und Strandlings-Gesellschaften ärmerer Standorte, auch in Fluthahnenfuß-Gesellschaften von Fließgewässern, im Bachröhricht und in nassen Erlenbrüchen, als Landform an Ufern und auf nassen Sandwegen in Strandlings- und Zwergbinsen-Gesellschaften.
Verbreitung: Fast ganz Europa mit Schwerpunkt im kontinentalen Bereich, ostwärts bis W-Sibirien. In Deutschland meist zerstreut bis selten, stellenweise häufiger, in den Alpen bis 2000 m.

Callitriche obtusangula Le Gall
Nußfrüchtiger Wasserstern

Untergetauchte Blätter linealisch, 10 bis 40 mm lang und 0,5 bis 2 mm breit, an der Spitze stark ausgebuchtet, Schwimmblattrosetten etwa 3 cm im Durchmesser, aus etwa 20 rautenförmig-spateligen, etwas fleischigen, 8 bis 20 mm langen und 3,5 bis 7 mm breiten Blättern bestehend. Blüten nur an der Schwimmblattrosette, Pollenkörner länglich-ellipsoidisch, oft in der Längsrichtung gekrümmt: Früchte dick-ellipsoidisch, höher als breit, 1,5 x 1,2 mm, Teilfrüchte auf dem Rücken gerundet stumpf, ohne Kiel oder Flügel. Blütezeit Juni bis September. Ausdauernd (wintergrün).
Vorkommen: In fließenden und stehenden Gewässern mit nährstoffreichem, oft stark belastetem Wasser, salzertragend und daher auch in den Brackwasser führenden Gewässern der Marschen. In den Fließgewässern stellenweise eine eigene Gesellschaft (Callitrichetum obtusangulae) bildend, sonst in verschiedenen Wasserpflanzen-Gesellschaften, Austrocknung gut vertragend und daher auch vielfach als Landform.
Verbreitung: Schwerpunkt in den wintermilden Gebieten W-Europas, nordwärts bis M-England und Schleswig-Holstein, auch im Mittelmeergebiet und N-Afrika. In Deutschland nur im Westen und Südwesten, aber in Ausbreitung.

7 Froschbiß- und Wasserlinsendecken

Kleingewässer wie Tümpel, Teiche und Gräben sowie windgeschützte flache Seen und Seebuchten werden oft von Wasserpflanzen-Gesellschaften überzogen, deren Arten entweder frei im Wasser schweben oder auf der Wasseroberfläche schwimmen. Soziologisch unterscheidet man heute eine Gruppe von Gesellschaften mit größeren Arten (Froschbiß, Krebsschere, Gewöhnlicher und Südlicher Wasserschlauch), welche weniger verdriftet werden und die den Laichkraut- und Schwimmblatt-Gesellschaften nahestehen, und die eigentlichen, eine eigene Klasse (Lemnetea) bildenden Wasserlinsen-Gesellschaften mit sehr kleinen, frei im Wasser oder auf der Wasseroberfläche schwimmenden Arten. Letztere sind noch mehr als die erstgenannten auf windgeschützte und strömungsfreie Standorte angewiesen. Zwischen beiden Gruppen gibt es jedoch oftmals

Dorfteich mit Wasserlinsen-Decke.

Ehemaliger Torfstich mit Krebsscheren-Beständen.

enge Kontakte und Durchdringungen. Beide überziehen in oft dichten Decken ihre Wuchsgewässer. Die Arten dieser Gesellschaften bilden im Herbst entweder Winterknospen (Turionen) oder sinken als Ganzes auf den Gewässerboden, wo sie im Schlamm überwintern und bei Beginn der Vegetationsperiode wieder aufsteigen. Die an Klarwasser gebundenen Arten der Froschbiß-Gesellschaften sind durch die Gewässerverschmutzung bedroht und vielfach im Rückgang, wohingegen viele Wasserlinsen-Gesellschaften dadurch eher gefördert werden. Als „Entengrütze" wurden und werden sie z.T. auch heute noch als Futter für Enten und Gänse genutzt.

Hydrocharis morsus-ranae L.
Froschbiß

Wasserpflanze mit frei auf dem Wasser treibenden Schwimmblattrosetten, die während des Sommers Ausläufer treiben und an diesen ständig neue Rosetten erzeugen; Blätter lang gestielt, Blattspreiten fast kreisrund, am Grunde mit enger Einbuchtung, oberseits glänzend, oft hellbräunlich-grün, Unterseite meist rötlich. Zweihäusig. Blüten weiß, am Grunde gelb. Blütezeit Juni bis August. Ausdauernd (mit Winterknospen im Schlamm überwinternd).

Vorkommen: In windgeschützten Kleingewässern, vor allem in Gräben, Tümpeln und Weihern, in Schlenken von Großseggen- und Röhricht-Gesellschaften. Kennart der Froschbiß-Gesellschaft (Hydrocharitetum morsus-ranae), auch in der Wasserprimel-Gesellschaft und in Wasserlinsen-Gesellschaften.

Verbreitung: In Eurasien, mit Ausnahme der nördlichsten Gebiete, weit verbreitet, aber nicht überall häufig, gebietsweise selten oder gänzlich fehlend; in Kanada eingebürgert. In Deutschland im Tiefland häufig bis zerstreut, sonst vor allem in den Flußtälern, im eigentlichen Bergland selten oder fehlend.

Stratiotes aloides L.
Krebsschere

Halb untergetaucht schwimmende Wasserpflanze mit großen trichterförmigen Blattrosetten, Blätter schwertförmig, 15 bis 40 cm lang, 0,5 bis 3 cm breit, steif, dreikantig, stachelig-gesägt, mit Ausläufern. Blüten zweihäusig, weiß. Blütezeit Juli bis September. Ausdauernd (die im Herbst absinkenden Blattrosetten überwintern am Gewässergrund).

Vorkommen: In stehenden kleineren und flachen Gewässern, wie Tümpeln, Altwässern, Torfstichen, Gräben und Flachseen, auch in ruhigen Seebuchten mit humosen Schlammböden und nährstoffreichem, aber klarem und unverschmutztem Wasser; hier eigenen Bestände bildend (Stratiotetum) oder zusammen mit dem Froschbiß im Hydrocharitetum. In ärmeren, kalkreichen tiefen Klarwasserseen bleiben die Pflanzen das ganze Jahr hindurch in 2 bis 5 m Tiefe am Boden und kommen dort auch zur Blüte.

Verbreitung: M- und O-Europa, ostwärts bis W-Sibirien, nordwestwärts vereinzelt bis England. In Deutschland hauptsächlich im Tiefland häufig bis zerstreut, im Bergland selten (vor allem im Main-Donau-Gebiet) oder fehlend. Durch Wasserverschmutzung bedroht und stellenweise im Rückgang.

Utricularia vulgaris L.
Gewöhnlicher Wasserschlauch

Frei im Wasser schwebend mit bis 200 (bis 300) cm langen Sprossen, die mit nach allen Seiten hin abstehenden Blättern besetzt sind, Blätter 2 bis 8 cm lang, 2- bis 4lappig, jeder Lappen 1- bis 2fach gefiedert und in vier fadenförmige, randlich stachelspitzige Endzipfel auslaufend, mit 20 bis 200 Fangblasen (Schläuchen) besetzt. Blüten in 4- bis 15blütigen Trauben an bis 35 cm aufrecht über die Wasseroberfläche hinausgehobenen Blütenständen, dottergelb, zweilippig, gaumenfreier Saum der Unterlippe sattelförmig eingeschlagen, gespornt, Sporn walzlich-spitzlich auslaufend, 6 bis 10 mm lang, Fruchtansatz regelmäßig. Blütezeit Juni bis August. Ausdauernd (mit Turionen überwinternd).

Vorkommen: In stehenden und langsamfließenden, wind- und wellenschlaggeschützten, meist nur mäßig bis schwach nährstoffreichen Gewässern, hauptsächlich in Klein- und Flachgewässern, optimal in Tiefen zwischen 30 bis 150 cm über schlammigem Untergrund, geringe Wasserverschmutzung ertragend, bei stärkerer Belastung jedoch verschwindend. Schwerpunkt in Froschbiß-Gesellschaften, hier mitunter eigene Bestände bildend (Utricularietum vulgaris), jedoch auch in Laichkraut-, Seerosen- und Wasserlinsen-Gesellschaften, in nassen lückigen Röhrichten und in Schlenken des Erlenbruchwaldes.
Verbreitung: In den gemäßigten Zonen der nördlichen Erdhalbkugel weit verbreitet. In Deutschland zerstreut.
Sonstiges: Die Wasserschlauch-Arten gehören zu den tierfangenden und -verdauenden Pflanzen (Karnivoren). Dem Fang der Tiere (Ruderkrebse, Rädertierchen u.ä. Zooplankton) dienen die blasenförmigen, auf der Innenseite mit Verdauungsdrüsen versehenen und mit einer beweglichen Klappe verschlossenen Fangschläuche (Utrikeln). In den fangbereiten Schläuchen herrscht Unterdruck. Berührt ein vorbeikommendes Beutetierchen die am Blaseneingang befindlichen Borsten, öffnet sich ruckartig die Klappe, das Tierchen wird in das Blaseninnere gesogen und dort innerhalb kurzer Zeit verdaut.

Utricularia australis R. Brown
(*Utricularia neglecta* Lehmann)
Südlicher Wasserschlauch

Der vorigen ähnliche Wasserpflanze, aber Blätter nur mit 8 bis 75 Fangblasen. Blütenstände im oberen Teil S-förmig hin- und hergebogen. Blüten hell-zitronengelb bis gelb, der gaumenfreie Saum der Unterlippe flach ausgebreitet, Sporn stumpfkegelig auslaufend, 5,5 bis 5,7 mm lang. In Deutschland kein Fruchtansatz.

Vorkommen: An ähnlichen Standorten wie der Gewöhnliche Wasserschlauch, mitunter jedoch mehr in ärmeren Moorgewässern. Schwerpunkt in Froschbiß- und Wasserlinsen-Gesellschaften, stellenweise eigene Bestände bildend, auch in Laichkraut- und Seerosen-Gesellschaften.

Verbreitung: In zahlreichen Gebieten der wärmeren bis gemäßigten Zonen Eurasiens, aber auch in Zentral-Afrika, Neuguinea, SO-Australien, Tasmanien und Neuseeland, Gesamtverbreitung noch ungenügend bekannt. In Europa vorwiegend im Süden und Westen, nordwärts bis S-Schweden und S-Finnland; in Deutschland vor allem im Mittelgebirgsraum, im Flachland selten, nach Norden hin ausklingend, vielfach noch übersehen („neglecta"!). Durch Meliorationen und Gewässerverschmutzung gefährdet.

Riccia fluitans L.
(*Ricciella fluitans* (L.) A. Br.)
Flutendes Sternlebermoos

Untergetaucht im Wasser lebendes Lebermoos mit schmal bandförmigem Thallus und mehrfach spitzwinklig gegabelten Ästen, Äste 0,5 bis 1 mm breit, an den Enden durch die durchscheinenden Atemhöhlen gefeldert, Felder bis 0,3 mm lang.
Vorkommen: In meist etwas beschatteten stehenden Kleingewässern, wie Gräben, Tümpel, Teiche und Schlenken in Erlenbruchwäldern, Röhrichten und Großseggenrieden in meist nur mäßig nährstoffreichem, phosphatarmem klarem Wasser, oft zusammen mit der Dreifurchigen Wasserlinse (*Lemna trisulca*). Entweder eine eigene Gesellschaft (Riccietum fluitantis) bildend oder in anderen Gesellschaften des Riccio-Lemnion trisulcae, seltener – bei Trockenfallen des Gewässers – zeitweise als Landform auf nassem Schlamm.
Verbreitung: Weltweit verbreitet. In Deutschland vor allem im Flachland, stellenweise häufig, sonst zerstreut oder selten.

Riccia rhenana Lorbeer
Rheinisches Sternlebermoos

Dem vorigen ähnliches Wassermoos, bei dem die Thallusäste breiter (2 mm), vorn abgerundet, stumpfwinklig gegabelt und die Felder größer sind; Thallus bei der Landform rosettenförmig, 1,5 cm im Durchmesser.
Vorkommen: An ähnlichen Standorten wie *Riccia fluitans*, bildet das Riccietum rhenanae, aber auch in anderen Wasserlinsen-Gesellschaften etwas ärmerer Standorte, in der Landform auf Schlammufern und Teichböden.
Verbreitung: Noch ungenau bekannt, wohl Mitteleuropa. In Deutschland vor allem im Süden und Westen, im Norden seltener.
Sonstiges: Andere Sternlebermoos-Arten bilden keine Wasserformen aus, sondern kommen ausschließlich auf dem Schlamm ausgetrockneter Gewässer (Teichböden, vgl. Seite 276) oder auf nassen Äckern und feuchten offenen Bodenstellen vor. Zu nennen sind *R. canaliculata* Hoffm. Thallus gelbgrün, 1 bis 1,5 cm lang und 0,5 mm breit; *R. cavernosa* Hoffm. (*R. crystallina* auct.), Thallus gelbgrün, scheibenförmig, 0,5 bis 3 cm Durchmesser; *R. glauca* L., Thallus blaugrün, rosettenförmig, 1 bis 2 cm Durchmesser; *R. sorocarpa* Bisch., Thallus dunkelgrün, rosettenförmig, Thallusäste 0,5 bis 1 cm lang und 0,5 bis 1,8 mm breit; *R. huebeneriana* Lindenb., Thallus grün bis violett, rosettenförmig, 0,5 bis 1 (1,5) cm Durchmesser.

Ricciocarpus natans (L.) Corda
Schwimmlebermoos

Auf der Wasseroberfläche schwimmendes Lebermoos mit herzförmigem, 2- bis 3mal geteiltem Thallus, 4 bis 9 mm breit, unterseits mit langen, in das Wasser herabhängenden Bauchschuppen, Thallusoberseite dunkelgrün, gefeldert, Unterseite braun oder violett. Bei Gewäseraustrocknung zeitweise auf dem Schlamm wachsend, Thalli dann rosettig, Bauchschuppen klein.
Vorkommen: Mäßig nährstoffreiche, phosphatarme, aber ammoniumhaltige besonnte oder beschattete Kleingewässer, wie zum Beispiel Entwässerungsgräben, Tümpel, Teiche, Altwässer und Schlenken in Erlenbrüchen und Auenwäldern. Eine eigene artenarme Gesellschaft (Ricciocarpetum natantis) bildend.

Verbreitung: Weltweit verbreitet, aber überall nur zerstreut und oft unbeständig. In Deutschland hauptsächlich im Flachland und hier besonders in den Strom- und Flußtälern, stellenweise häufig, meist aber zerstreut, in den Gebirgen selten und nur vereinzelt bis 1000 m.

Azolla filiculoides Link
Großer Algenfarn

Kleine moosähnliche Schwimmpflanze, 1 bis 2,5 cm lang, fiederig verzweigt, Blätter schuppenförmig, blaugrün, im Herbst meist rötlich, oberseits papillös behaart, von der Blaualge *Anabaena azollae* bewohnt, an der Unterseite der Sprosse fadenförmige echte Wurzeln sowie Mikro- und Megasporen. Sporenreife August bis Oktober, Einjährig bis ausdauernd.

Vorkommen: In ruhigen Altwasser-Buchten und Gräben mit nährstoffreichem, oft kalkarmem Wasser in sommerwarmer Lage; frei auf der Wasseroberfläche treibend in Wasserlinsen-Schwimmdecken, bei Trokkenfallen des Gewässers auf nassem Schlamm Landformen bildend.

Verbreitung: Heimisch im warmgemäßigten bis subtropischen Amerika, Mitte des 19. Jahrhunderts als Aquarienpflanze nach Europa gekommen. In Deutschland seit etwa 1870 am mittleren Oberrhein eingebürgert, aber von Jahr zu Jahr je nach Witterung und sommerlichem Hochwasser in der Menge schwankend; weitere vereinzelte, meist nur vorübergehende Vorkommen am Neckar, in Franken u.a.

Sonstiges: Nur vorübergehend eingebürgert und noch seltener der Kleine Algenfarn (*A. caroliniana* Willd.), eine etwas kleinere, höchstens pfenniggroße Pflanze mit meist gelbgrünen Blättern, oft mit der vorigen Art verwechselt.

Salvinia natans (L.) Allioni
Schwimmfarn

Kleiner, frei auf der Wasseroberfläche schwimmender Farn, Sproß 3 bis 20 cm lang, unverzweigt oder verzweigt, Schwimmblätter flach auf der Wasseroberfläche ausgebreitet, elliptisch, ihre Oberfläche zur Verhinderung der Wasserbenetzung dicht mit Papillen besetzt; die in das Wasser hinabragenden Tauchblätter wurzelartig, mit kugelförmigen Sporokarpien, Sporenreife August bis Oktober. Einjährig.

Vorkommen: In windgeschützten Altwässern und Seebuchten in nährstoffreichem Wasser in sommerwarmer Klimalage; in Wasserlinsen-Schwimmdecken. Kennart der Schwimmfarn-Gesellschaft (Lemno-Salvinietum), gelegentlich auch in der Froschbiß-Gesellschaft und in anderen Wasserlinsen-Gesellschaften.

Verbreitung: Sommerwarme Gebiete Eurasiens mit Verbreitungsschwerpunkten in S- und O-Europa sowie in O-Asien; kleinere Vorkommen in M-Europa, Algerien, Vorder- und Zentral-Asien, Kaukasusgebiet und W-Sibirien; in N-Amerika als Aquarienpflanze eingeschleppt. In Deutschland im Rheinland, an der mittleren Elbe, im Havelland und an der unteren Oder; z.T. unbeständig und starken Populationsschwankungen unterworfen.

Lemna trisulca L.
Dreifurchige Wasserlinse

Kleine untergetaucht wachsende Wasserpflanze, vegetative Sproßglieder unter der Wasseroberfläche schwebend, lanzettlich bis oval, dünn und durchscheinend, in einen deutlichen Stiel verschmälert, meist viele Glieder kreuzweise verkettet; die eiförmigen generativen Sproßglieder tauchen zur Blütezeit auf. Blütezeit Mai bis Juni. Ausdauernd (die Sproßglieder überwintern).

Vorkommen: In windgeschützten Kleingewässern oder in Seebuchten mit nährstoffreichem, klarem Wasser, schattenertragend. Mitunter eine eigene Gesellschaft bildend (Lemnetum trisulcae), sonst in vielen anderen Wasserlinsen- und Froschbiß-Gesellschaften, auch in Laichkraut- und Schwimmblatt-Gesellschaften sowie in nassen Röhrichten.

Verbreitung: In den gemäßigten Zonen der nördlichen Erdhalbkugel weit verbreitet, auch in Australien und auf Mauritius. In Deutschland im Tiefland und mittleren Bergland überall häufig, im engeren Alpengebiet fehlend.

Lemna minor L.
Kleine Wasserlinse

Sproßglieder auf der Wasseroberfläche schwimmend, klein, oval, 2 bis 4 mm lang und 1 bis 3 mm breit, unterseits flach, hellgrün, Wurzel 10 bis 40 mm lang oder fehlend. Blüten wie bei allen Wasserlinsen sehr klein und kaum erkennbar. Blütezeit April bis Juni. Ausdauernd (Sproßglieder überwintern am Gewässerboden).
Vorkommen: In stehenden, meist kleinen und flachen, windgeschützten Gewässern mit mäßig bis stark nährstoffreichem Wasser, anspruchslos. In fast allen Wasserlinsen-Gesellschaften, stellenweise – so vor allem in ärmeren und kühleren Gewässern – auch Reinbestände bildend, in geringeren Mengen auch in anderen Wasserpflanzen- und nassen Röhricht-Gesellschaften.
Verbreitung: In den kühl- und warmgemäßigten Gebieten der ganzen Erde weit verbreitet. In Deutschland fast überall häufig, in den Alpen bis 1800 m.

Lemna turionifera Landolt
Rote Wasserlinse

Ähnlich der Kleinen Wasserlinse, aber Sproßglieder noch etwas kleiner, 2 bis 2,5 mm lang, Unterseite gänzlich oder um den Wurzelansatz (wie bei *L. minor* nur 1 Wurzel!) herum purpurrot, auch die Oberseite mitunter purpur- bis dunkelolivviolett gefärbt, an den Sproßgliedern im Herbst und Frühjahr Überwinterungsknospen (Turionen) vorhanden. Ausdauernd.
Vorkommen: In ruhigen windgeschützten Kleingewässern (Wiesengräben, Altwässern) mit nährstoffreichem, klarem Wasser, sommerwärmeliebend. In verschiedenen Wasserlinsen-Gesellschaften, mitunter auch Dominanzbestände bildend.
Verbreitung: Noch unklar, ob auch in Europa heimisch und hier bisher übersehen oder erst in jüngerer Zeit aus N-Amerika eingeschleppt. In Deutschland zuerst 1965 gefunden, seitdem stark in Ausbreitung und nunmehr aus vielen Landschaften bekannt, z.B. Rheingebiet, Saarland, Westfalen, Havelland, Spreewald, Odergebiet.
Sonstiges: *L. turionifera* wurde erst 1975 als eigene Art erkannt und beschrieben. Eine noch kleinere Wasserlinse, die nur 1 bis 2 mm große Zierliche Wasserlinse (*L. minuta* Humboldt, Bonpland & Kunth = *L. minuscula* Herter) aus Amerika ist sehr wärmebedürftig und wurde bisher nur im Ober- und Niederrheingebiet, vereinzelt auch in Westfalen und im westlichen Niedersachsen beobachtet.

Spirodela polyrhiza (L.) Schleiden
Teichlinse

Besitzt von allen heimischen Wasserlinsen die größten Sproßglieder, diese 5 bis 8 (bis 15) mm lang und 2,5 bis 8 mm breit, oberseits gelblichgrün, unterseits meist purpurrot, mit einem Büschel aus (2 bis) 10 bis 13 (bis 18) Wurzeln. Blütezeit Mai bis Juni. Ausdauernd (Überwinterung durch kleine, braune, nierenförmige Winterknospen (Turionen).
Vorkommen: Windgeschützte Kleingewässer und Seebuchten mit nährstoffreichem, aber unverschmutztem Wasser, etwas wärmeliebend; Kennart der Teichlinsen-Gesellschaft (Spirodeletum polyrhizae), auch in anderen Wasserlinsen-Decken.
Verbreitung: In den wärmeren und gemäßigten Gebieten der nördlichen Erdhalbkugel weit verbreitet, auch in Australien. In Deutschland vor allem im Flachland, in den Flußtälern und im niederen Bergland vielerorts häufig, im höheren Bergland selten oder fehlend, im Alpengebiet nur adventiv.
Sonstiges: Eine als var. *magna* Buchenau beschriebene Varietät mit bis 15 mm langen Sproßgliedern ist lediglich eine Standortmodifikation besonders nährstoffreicher und sommerwarmer Standorte.

Lemna gibba L.
Bucklige Wasserlinse

Sproßglieder auf der Wasseroberfläche schwimmend, oval bis rundlich, 2,5 bis 5 mm lang und 1,5 bis 4 mm breit, dicklich, unterseits bauchig gewölbt, oberseits grün, oftmals rötlich-bräunlich überlaufen, Wurzel 10 bis 12 mm lang. Blütezeit April bis Juni. Ausdauernd (Überwinterung am Gewässergrund).

Vorkommen: In nährstoffreichen, mitunter stark abwasserbelasteten Kleingewässern, vor allem in Gräben, Tümpeln und Dorfteichen, verschmutzungstolerant, salzverträglich und daher auch im Brackwasser, wärmebedürftig. Kennart der Buckellinsen-Gesellschaft (Lemnetum gibbae), auch in der Teichlinsen-Gesellschaft.

Verbreitung: In wärmeren Gebieten weltweit verbreitet. In Deutschland Schwerpunkt in den Küstengebieten und den Flußtälern, im Bergland selten oder fehlend. Infolge zunehmender Gewässerverschmutzung in Ausbreitung begriffen.

Wolffia arrhiza (L.) Horkel ex Wimmer
Zwerglinse

Kleinste heimische Wasserlinse mit nur 0,8 bis 1,3 mm großen, kugeligen, wurzellosen, lebhaft grünen Sproßgliedern. In Mitteleuropa nicht zur Blüte kommend. Ausdauernd (am Gewässergrund überwinternd).

Vorkommen: In windgeschützten ruhigen Kleingewässern, insbesondere in Gräben, Tümpeln, Teichen und Altwässern, in nährstoffreichem Wasser, wärmeliebend, aber Beschattung ertragend; meist in der Teichlinsen-Gesellschaft und in der Gesellschaft der Buckligen Wasserlinse, mitunter auch Dominanzbestände bildend.

Verbreitung: Im südlichen Eurasien und wohl auch in Afrika heimisch, von dort aus durch Zugvögel in nördlichere Gebiete verbreitet, dort vor allem in Gebieten mit hoher Sommerwärme, Vorkommen aber oft nicht beständig und nach einigen Jahren wieder verschwindend. In Deutschland vor allem im Niederrheingebiet, im nördlichen Niedersachsen, im Spree-Havel-Gebiet und im Odergebiet, insgesamt selten, wenn auch örtlich mitunter in größeren Mengen und oftmals unbeständig.

Sonstiges: *Wolffia arrhiza* ist die kleinste Blütenpflanze Europas.

8 Röhrichte nährstoffreicherer stehender Gewässer

Die Ufer nährstoffreicherer stehender Gewässer werden zumeist von hoch- bis kleinwüchsigen Röhrichten umsäumt. Diese beginnen mitunter mit lockeren Herden der See-Simse, setzen dann in etwa 1,5 m Wassertiefe in geschlossener Front ein, reichen noch ein Stück auf das feste, wenn auch noch ständig durchfeuchtete Ufer hinauf und werden schließlich von Großseggen-Rieden, Bruchwäldern oder von Wirtschaftsgrünland abgelöst. Nach ihrer Wuchshöhe kann man sie in Groß- und Kleinröhrichte unterteilen. Wichtigste Röhrichtpflanze ist bei uns das Schilf (*Phragmites australis*). Zusammen mit anderen hochwüchsigen Röhrichtpflanzen oder auch weitgehend alleine bildet es meist dichte Bestände – ein wichtiges Bruthabitat für zahlreiche Vogelarten. Da das Schilf auch Salzwasser verträgt, stellt es auch den Hauptbestandteil der Brackwasser-Röhrichte an den Bodden und Förden der Ostsee dar, hier durchsetzt von der Meeresstrand-Simse (*Bolboschoenus maritimus*) und anderen Salzpflanzen. Stellenweise werden die Großröhrichte jedoch auch von Dominanzbeständen anderer hochwüchsiger Röhrichtbildner bestimmt, insbesondere von solchen des Schmalblättrigen Rohrkolbens (*Typha angustifolia*). Auch mittelhohe Röhricht-Arten bilden mitunter eigene Bestände, z.B. Aufrechter Igelkolben (*Sparganium erectum*), Kalmus (*Acorus calamus*) und Blumenbinse (*Butomus umbellatus*).

Zu den Kleinröhrichten stehender Gewässer zählen Wasserschwaden-Röhricht, Sumpfbinsen-Röhricht und Tannenwedel-Gesellschaft.

Während die nässesten, ständig oder längere Zeit im Wasser stehenden Ausbildungen der Röhrichte („Wasser-Röhrichte“) oftmals noch Wasserpflanzen enthalten, können sich in den landwärtigen Ausbildungen auf festem, wenn auch mitunter zeitweise flach überflutetem und auch sonst noch ständig nassem bis feuchtem Boden („Land-Röhrichte“) bereits zahlreiche, z.T. bunt blühende Sumpfpflanzen entfalten. So weisen die heimischen Röhrichte, obwohl stellenweise recht artenarm, insgesamt doch eine größere Zahl von Pflanzenarten auf.

Phragmites australis (Cav.) Trinius
(*Phragmites communis* Trinius)
Schilfrohr, Schilf

Hochwüchsiges Gras mit tiefreichendem Rhizomsystem und steif aufrechten, 1 bis 4 m hohen und 15 bis 23 mm dicken Stengeln, Blattspreite oberseits graugrün, 15 bis 30 mm breit, Blatthäutchen als Haarkrone ausgebildet; Ährchen in großen, 20 bis 50 cm langen, vielblütigen Rispen, gelblich bis dunkelpurpurn überlaufen. Blütezeit Juli bis September. Ausdauernd (bei uns nicht wintergrün).

Vorkommen: Bestandsbildend in Großröhrichten am Ufer stehender oder langsam fließender Gewässer („Schilfgürtel"), auch auf Mooren und in nassen Bruch- und Auenwäldern sowie auf vernäßten Wiesen und Äckern; auf nassen, z.T. flach überschwemmten, nährstoffärmeren bis nährstoffreichen Sand-, Schlamm- und Torfböden, salzertragend und daher auch an brackigen Gewässern, empfindlich gegen Schnitt in der Vegetationsperiode, bei zu starker Belastung der Gewässer im Rückgang („Schilfsterben"); teils in Dominanzbeständen (Phragmitetum) teils in Mischung mit anderen Röhrichtpflanzen (Scirpo-Phragmitetum), aber auch in anderen Röhricht-Gesellschaften und Großseggen-Rieden.

Verbreitung: Fast weltweit verbreitet. In Deutschland überall häufig, nur in gewässerarmen Landschaften seltener; in den Alpen bis über 1900 m ansteigend.

Typha angustifolia L.
Schmalblättriger Rohrkolben

Hochwüchsige Rohrkolben-Art mit relativ schmalen, 3 bis 10 mm breiten Blättern. Die zahlreichen sehr kleinen eingeschlechtlichen Blüten sitzen am Ende des Stengels in einem zweiteiligen, oben männlichen und unten weiblichen kolbenförmigen Blütenstand; der männliche Kolben ist ungefähr so lang wie der zimtbraune weibliche (je 10 bis 35 cm). Sie sind durch einen 3 bis 5 cm langen Zwischenraum voneinander getrennt. Blütezeit Juli bis August. Ausdauernd.
Vorkommen: In Großröhrichten an den Ufern nährstoffärmerer bis nährstoffreicher stehender Gewässer bis in Wassertiefen von 120 cm auf organischem oder mineralischem Untergrund, stellenweise Schwingdecken bildend. Teils in eigenen Dominanz-Beständen (Typhetum angustifoliae), teils als Bestandteil des Schilfröhrichts.
Verbreitung: In den wärmeren bis kühleren Zonen der nördlichen Erdhalbkugel weit verbreitet, wenn auch stellenweise nur selten oder fehlend, außerdem in den warmgemäßigten Zonen weltweit. In Deutschland im Flachland meist häufig, im Mittelgebirgsland vor allem in den Flußtälern und Niederungen, sonst zerstreut bis selten, in den höheren Lagen fehlend, in den Alpen nur in den Tälern.
Sonstiges: In den Tropen und Subtropen der Alten und Neuen Welt die nahe verwandte *T. domingensis* Persoon, die bis 4 m hoch wird, Blätter 7 bis 15 mm breit, bleich- oder graugrün, weibliche Kolben mittelbraun. In S-Europa stellenweise eingebürgert. Die ähnliche *T. angustata* Bory et Chaubaud kommt auch im östlichen S-Europa vor.

Typha latifolia L.
Breitblättriger Rohrkolben

Hochwüchsige Rohrkolben-Art mit blaugrünen, 10 bis 15 (bis 20) mm breiten Blättern; der männliche und der dunkel- bis schwarzbraune weibliche Kolben je 10 bis 20 (bis 30) cm lang, sich einander berührend. Blütezeit Juni bis August. Ausdauernd.
Vorkommen: In Großröhrichten an den Ufern stehender, nährstoffreicher Gewässer auf schlammigem oder mineralischem Untergrund bis 50, maximal bis 200 cm Wassertiefe, gern an gestörten Stellen und auf Pionierstandorten z.B. in Sand- und Tongruben und Tagebau-Restlöchern, auch in stärker abwasserbelasteten Gewässern; als Pionierpflanze oft in kleineren Trupps, sonst in eigenen Beständen (Typhetum latifoliae) oder im Schilfröhricht.
Verbreitung: Auf der nördlichen Erdhalbkugel weit verbreitet, südwärts bis N-Afrika, Iran, Australien und Mexiko. In Deutschland fast überall vorhanden und meist häufig, im höheren Bergland seltener, in den Alpen bis 1800 m.
Sonstiges: Zwischen *T. latifolia* und *T. angustifolia* die Hybride *T. × glauca* Godron, Blätter 7 bis 16 mm breit, blaugrün, reife Kolben dunkelbraun, vielfach steril.

Typha minima Funck
Zwerg-Rohrkolben

30 bis 80 cm hohe Rohrkolben-Art mit sehr schmalen, 1 bis 2 mm breiten grasartigen Blättern, männliche und weibliche Kolben sind kurz, nur je 1,5 bis 4,5 cm lang, 0,5 bis 3 cm voneinander entfernt, der weibliche Kolben kugelig bis eiförmig, dunkelkastanienbraun. Blütezeit Mai bis Juni. Ausdauernd.

Vorkommen: In artenarmen Verlandungs-Gesellschaften an den Ufern langsam fließender Gewässer und deren Nebenarmen auf feuchten, basenreichen Schlick-, Sand- und Kiesböden, meist in dichteren Herden. Kennart des Zwergrohrkolben-Röhrichts (Typhetum minimae); auch im Schilfröhricht.

Verbreitung: Alpen und Alpenvorland, Italien, Donaugebiet, Balkanhalbinsel, Kaukasus. In Deutschland nur an einigen aus den Alpen kommenden Flüssen (Oberrhein, Lech, Isar, Inn) zerstreut bis selten. Stark gefährdet und stellenweise bereits erloschen.

Sonstiges: Ähnlich *T. martinii* Jordan, 30 bis 60 cm hoch, Stengel beblättert, Blätter den Blütenstand meist überragend, Blütezeit August bis September. An kiesigen Ufern west-alpiner Flüsse, früher auch am Oberrhein.

Typha shuttleworthii Koch & Sonder
Grauer Rohrkolben

80 bis 150 cm hohe Rohrkolben-Art mit relativ schmalen, 5 bis 10 mm breiten Blättern, der männliche Kolben höchstens 2/3 so lang wie der 10 bis 20 cm lange weibliche Kolben, letzterer zur Fruchtzeit asch- bis silbergrau, beide einander berührend. Blütezeit Juni bis August. Ausdauernd.
Vorkommen: An Ufern langsam fließender Bäche und Flüsse auf basenreichen tonigen bis kiesigen Schlammböden. In Großröhrichten oder im Zwergrohrkolben-Röhricht.
Verbreitung: Zerstreute Vorkommen in den Gebirgsländern des nördlichen S-Europa von den Ostpyrenäen über die Alpen und die Alpen-Vorländer bis zur Balkanhalbinsel. In Deutschland nur wenige Einzelfundorte im nördlichen Alpenvorland, im südlichen Schwarzwald und in der Oberpfalz.
Sonstiges: Im nördlichen S-Europa, nordwärts vereinzelt bis Slowakei und Mähren, südliches O-Europa, W- und Zentralasien bis zum nördlichen China *T. laxmannii* Lepechin. 80 bis 120 cm hoch, Blätter sehr schmal, 2 bis 4 mm breit, weiblicher Kolben 3 bis 5 cm lang und 2,5 cm dick, braun, männlicher Kolben 3- bis 4mal länger, beide 2 bis 6 cm voneinander entfernt. Vereinzelte, aber nur vorübergehende Vorkommen auch in Süddeutschland (Pfalz, Donaugebiet).

Schoenoplectus lacustris (L.) Palla ssp. **lacustris**
Scirpus lacustris **L.**
Seebinse, Gewöhnliche Seesimse

Hochwüchsige Röhrichtpflanze mit bandartigen Unterwasserblättern und 80 bis 300 cm hohen, dunkel-grasgrünen, 3 bis 15 mm dicken, stielrunden Stengeln, an deren Spitze eine aus zahlreichen (30 bis 100) Ährchen bestehenden Blütenspirre, Ährchen mit auf der Außenseite glatten, braunen Spelzen. Blütezeit Juni bis August. Ausdauernd.

Vorkommen: Im Röhricht stehender oder langsam fließender Gewässer auf nährstoffarmen bis -reichen Sand- und Schlammböden, stellenweise bis in 3 m Wassertiefe. Oftmals herdenweise als erster Verlandungspionier in Seen; in eigenen Beständen (Schoenoplectetum lacustris) oder als Bestandteil des Schilfröhrichts; Schwankungen des Wasserspiegels gut, Austrocknung der Standorte aber schlecht ertragend.

Verbreitung: In fast ganz Europa und in Sibirien mit Ausnahme der arktischen Zone. In Deutschland häufig bis zerstreut, in den Mittelgebirgen selten oder fehlend, in den Alpen vereinzelt bis ungefähr 2000 m.

Schoenoplectus tabernaemontani (C. Gmel.) Palla
Schoenoplectus lacustris (L.) Palla ssp. *glaucus* (Smith) Becherer
Graue Seebinse

50 bis 150 cm hohe Röhrichtpflanze ohne Unterwasserblätter, mit blau- oder graugrünen, stielrunden oder oberseits etwas kantigen Stengeln; Spirren meist kleiner, kürzer und dichter als bei der subspec. *lacustris*, Spelzen rotbraun, auf der Außenseite mit zahlreichen rotbraunen Wärzchen. Blütezeit Juni bis Juli. Ausdauernd.

Vorkommen: Vor allem in den Brackwasserröhrichten der Küstengebiete und Binnensalzstellen auf nährstoffreichen und kochsalzhaltigen Sand-, Schlick-, Torf- und Schlammböden, im Binnenland aber gelegentlich auch an salzfreien, jedoch meist kalkhaltigen Standorten. Vielfach Dominanzbestände bildend, aber auch in anderen Brackwasser- und Süßwasser-Röhrichten.

Verbreitung: In den gemäßigten Zonen Eurasiens weit verbreitet, südwärts bis NW-Afrika. In Deutschland vor allem in den Küstengebieten von Nord- und Ostsee und entlang der Flußmündungen aufsteigend häufig, im Binnenland zerstreut bis selten, vor allem an den Binnensalzstellen und in deren Nähe, auch in Flußtälern und Seengebieten. Vorkommen stellenweise erloschen, in den Bergländern meist völlig fehlend.

Sonstiges: In Brackwasser-Röhrichten im Tidebereich der Flußmündungen, vereinzelt auch im Binnenland (u.a. Oberrheinische Tiefebenen) ferner die Dreikantige Seebinse *Sch. triqueter* (L.) Palla mit scharf dreikantigem Stengel, 30 bis 50 cm hoch, ausläuferbildend. Zwischen ihr und *Sch. lacustris* der Bastard *Sch.* x *carinatus* (Sm.) Palla, z.B. im Rhein- und Donaugebiet.
Ähnlich die Amerikanische Seebinse (*Sch. americanus* (Pers.) Volkt.), aber Ährchen ungestielt, kopfig gedrängt, Stengelblätter mit 10 bis 20 cm langer Spreite, 30 bis 100 cm hoch. Ebenfalls im Brackröhricht der Küstengebiete, aber seltener. Einheimisch in Amerika, in Europa vermutlich eingeschleppt.

Bolboschoenus maritimus
(L.) Palla
(*Scirpus maritimus* L.)
Meersimse, Strandsimse

30 bis 100 cm hoch werdendes Riedgras, Wurzelstock an der Spitze mit holzigen Knollen, Stengel starr aufrecht, scharf dreikantig, fast bis zur Spitze beblättert, Blattspreiten flach, 3 bis 8 mm breit, lang zugespitzt. Blütenstand aus 2 bis 6 gestielten Köpfchen zusammengesetzt, Ährchen eilänglich, spitz, Spelzen braun. Blütezeit Juni bis August. Ausdauernd.

Vorkommen: In Röhrichten von Küstengewässern und Binnensalzstellen auf meist flach überfluteten brackigen, nährstoffreichen Schlick-, Ton- und Sandböden, im Binnenland stellenweise auch auf nicht oder nur schwach salzhaltigen Standorten, durch die zunehmende Chlorid-Belastung von Gewässern gefördert. Kennart des Meerbinsen-Röhrichts (Bolboschoenetum maritimi), auch im Schilfröhricht, ferner in Fischteichen und auf nassen tonigen Äckern.

Verbreitung: Mit Ausnahme der arktischen Zonen fast weltweit verbreitet. In Deutschland in den Küstengebieten der Nord- und Ostsee häufig, im Binnenland vor allem an und in der Nähe von Binnensalzstellen und entlang der größeren Flüsse, sonst zerstreut bis selten und streckenweise völlig fehlend, kaum über 600 m aufsteigend.

Acorus calamus L.
Kalmus

Grasartige Sumpfpflanze mit fingerdickem Wurzelstock, aufrechtem, 60 bis 120 cm hohem Stengel und 1 bis 2 cm breiten, grasgrünen, an den Rändern meist gewellten Blättern. Blüten klein und unscheinbar, zu 700 bis 800 in einem abstehenden walzlichen, gelbgrünen bis gelblichen Kolben, Blütenscheide (Spatha) blattartig, die Stengelfortsetzung bildend, nicht den Kolben umhüllend. Blütezeit Juni bis Juli (nicht alljährlich blühend, bei uns keinen reifen Samen ansetzend, Vermehrung daher rein vegetativ). Ausdauernd.

Vorkommen: An Ufern stehender und langsamfließender Gewässer auf nährstoffreichem Schlamm, wärmeliebend, meist im Röhricht oder eigene Bestände (Acoretum calami) bildend.

Verbreitung: In Südostasien heimisch, von dort aus schon in alter Zeit als Arzneipflanze über weite Teile des wärmeren und gemäßigten Eurasien verbreitet und eingebürgert, in Europa seit 1557; auch im atlantischen N-Amerika. In Deutschland im Flachland sowie in den Flußtälern und Teichgebieten des Hügel- und Berglandes häufig, sonst zerstreut bis selten, im höheren Bergland oft fehlend, jedoch weiterhin in Ausbreitung, durch Eutrophierung gefördert.

Sonstiges: Der Kalmus enthält ätherisches Öl und duftet daher beim Zerreiben aromatisch, ferner enthält er Bitter- und Gerbstoffe. Er wird seit altersher als Heilpflanze genutzt, insbesondere als Magen- und Verdauungsmittel.

Butomus umbellatus L.
Blumenbinse, Schwanenblume

Mäßig hohe Röhrichtpflanze mit dickem, pflugscharartigem Wurzelstock und zahlreichen, 6 bis 8 mm breiten, einer grundständigen Rosette entspringenden, 50 bis 100 cm langen Blättern. Blüten an der Spitze eines 50 bis 150 cm langen, die Blätter überragenden Stengels in einem 20 bis 50 blütigen, doldenartigen Blütenstand, Einzelblüten 2 bis 2,5 cm groß, rosarot. Blütezeit Juni bis August. Ausdauernd.

Vorkommen: An den Ufern stehender oder langsamfließender Gewässer auf meist flach überfluteten, nährstoffreichen humosen Schlammböden, wärmeliebend. Kennart des lockeren und artenarmen Blumenbinsen-Röhrichts (Butometum umbellati), jedoch auch in anderen Röhricht-Gesellschaften, selten als Fließwasserform mit bandartigen Unterwasserblättern in Fluthahnenfuß-Gesellschaften fließender Gewässer.

Verbreitung: In den gemäßigten Zonen Eurasiens weit verbreitet, im hohen Norden fehlend, im westlichen Mittelmeergebiet selten, in N-Amerika eingeschleppt und in Ausbreitung. In Deutschland vor allem in den großen Stromtälern und dort stellenweise häufig, sonst zerstreut bis selten, im Bergland meist fehlend.

Sparganium erectum L. em. Reichenbach
(*Sparganium ramosum* Hudson)
Ästiger Igelkolben

Mittelgroße Sumpf- und Uferpflanze mit dickem kriechendem Wurzelstock, selten bandförmige Unterwasserblätter ausbildend, Überwasserblätter fächerartig schräg aufrecht, 1 bis 2 cm breit und 50 bis 150 cm lang, hell- bis mittelgrün. Blütenstandsstengel kürzer als die grundständigen Blätter, verzweigt, an den in den Achseln von 4 bis 50 cm langen Tragblättern sitzenden Seitenzweigen in kugelförmigen Köpfchen unten die weiblichen, oben die männlichen Blüten; Fruchtstände igelförmig. Nach der Form der reifen Früchte lassen sich bei uns 4 Unterarten (subspec. *erectum, neglectum, microcarpum, oocarpum*) unterschieden, die Trennung ist jedoch nicht ganz scharf. Blütezeit Juni bis August. Ausdauernd.

Vorkommen: Im Uferröhricht stehender und fließender Gewässer auf nährstoffreichen Schlammböden, meist im flachen Wasser. Teils in eigenen Beständen (Sparganietum erecti), teils in anderen Röhricht-Gesellschaften, die subspec. *neglectum* vor allem in und an (gestauten) Fließgewässern und Kennart einer eigenen Gesellschaft (Glycerio-Sparganietum neglecti).

Verbreitung: In den warm- bis kühlgemäßigten Zonen der nördlichen Erdhalbkugel weit verbreitet, auch in Australien und Neuseeland. In Deutschland fast überall häufig, in den Alpen bis 1600 m; die Verbreitung der Unterarten im einzelnen noch unzureichend bekannt.

Sonstiges: Die wichtigsten Merkmale der 4 beschriebenen Unterarten sind:

Subsp. *erectum*: Früchte oberhalb der Mitte am breitesten, Fruchtoberteil fast flach oder kurz pyramidenförmig, meist matt, rauchbraun, Früchte 6 bis 8 mm lang.

Subsp. *microcarpum*: Fruchtoberteil gewölbt-zwiebelförmig, gelbbraun, glänzend, Früchte 5 bis 8 mm lang. Früchte oberhalb der Mitte nicht am breitesten.

Subsp. *neglectum*: Früchte spindelförmig, 7 bis 9 mm lang, 2 bis 3,5 mm breit.

Subsp. *oocarpum*: Früchte verkehrt eirundlich, 5 bis 8 mm lang, 4 bis 7 mm breit.

Glyceria maxima (Hartmann) Holmberg
(*Glyceria aquatica* (L.) Wahlenberg)
Wasser-Schwaden

80 bis 250 cm hohes Sumpfgras mit breit linealischen, 10 bis 20 mm breiten und 50 bis 75 cm langen mittelgrünen Blättern, Blatthäutchen 1 bis 3 mm lang, Blüten an der Spitze des Halmes in einer vielährigen großen, 20 bis 40 cm langen Rispe. Blütezeit Juli bis August. Ausdauernd (nicht wintergrün).

Vorkommen: An Ufern stehender oder langsamfließender Gewässer, gern auf Schlamm- und Uferbänken, auch in nassen Flutmulden, auf dauernd oder zeitweise überfluteten nassen, nährstoff- und basenreichen Schlamm- und Torfböden, anspruchsvoll und charakteristisch für nährstoffreiche Gewässer, auch an stärker belasteten Standorten. Kennart des Wasserschwaden-Röhrichts (Glycerietum maximae) auch in anderen Röhrichten nährstoffreicher Standorte.

Verbreitung: In großen Teilen Europas und Asiens, ostwärts bis zum Baikal-See, in N-Amerika und auf Neuseeland eingebürgert. In Deutschland im Flach- und Hügelland häufig, sonst zerstreut bis selten, in den höheren Lagen oft fehlend, kaum über 800 m aufsteigend.

Sonstiges: Die weißpanaschierte Form ‚Variegata', die nur 40 bis 50 cm hoch wird, findet Verwendung bei der Uferbepflanzung von Gartenteichen.

Der Wasser-Schwaden war als wertvolles Futtergras geschätzt, doch konnte ein starker Befall durch den Streifenbrand-Pilz (*Uredo longissima* Sav.), der auf den Blättern dieses Grases schwarze Längsstreifen bildet, zu Vieherkrankungen führen ("Berstegras, Platzegras").

Eleocharis palustris (L.) Roemer et Schultes
Gewöhnliche Sumpfsimse

Niedrige bis mäßig hohe Sumpfpflanze mit 5 bis 45 cm hohen, 2 bis 3 mm dicken, runden, dunkel- bis graugrünen Halmen, die an ihrer Spitze ein Ährchen tragen, Spelzen braun bis schwarzrot, in der Mitte mit grüner Mittelrippe. Blütezeit Mai bis August. Ausdauernd.
Vorkommen: An den Ufern stehender oder langsamfließender Gewässer auf dauernd oder zeitweise flach überfluteten, nährstoffreichen Sand-, Schlamm- und Schlickböden, unempfindlich gegen Tritt und Verbiß, daher oft an Badestellen und Viehweiden. Schwerpunkt in Kleinröhrichten, vielfach dichte eigene Bestände von unterschiedlicher Zusammensetzung bildend, auch in Großseggen- und Strandlings-Gesellschaften sowie auf vernäßten Wiesen; salzertragend und daher auch im Brackwasser.
Verbreitung: In Eurasien weit verbreitet, im Mittelmeergebiet selten. In Deutschland meist überall häufig, in den Alpen bis 2000 m.
Sonstiges: Formenreiche Art, in Mitteleuropa in 2 Unterarten. Auffällig ist eine graugrüne Form, die in schwach salzhaltigen Gewässern von Binnensalzstellen beobachtet wurde.

Scolochloa festucacea (Willd.) Link
(*Graphephorum arundinaceum* (Liljebl.) Aschs.)
Schwingelschilf

Rohrähnliches Wassergras mit aufrechten, bis über 2 m hoch werdenden Halmen, Blätter 5 bis 10 mm breit und bis 55 cm lang, rauh; Ährchen in einer großen, oft über 30 cm langen Rispe. Blütezeit Juni bis Juli. Ausdauernd.

Vorkommen: An den Ufern stehender oder langsamfließender nährstoffreicher Gewässer auf sandigen oder tonigen Schlamm- und Torfböden, in Röhrichten. Insbesondere im Rohrglanzgras- und im Wasserschwaden-Röhricht, auch im Schilfröhricht und im Erlenbruchwald.

Verbreitung: Vom nordöstlichen Mitteleuropa ostwärts über das mittlere Osteuropa bis in das südliche Sibirien und die Mongolei; in Europa nordwärts bis S-Schweden und S-Finnland; auch in N-Amerika. In Deutschland nur im nordöstlichen Tiefland, insbesondere im Havelland, hier stellenweise etwas häufiger, sonst selten.

Leersia oryzoides (L.) Swartz
(*Oryza clandestina* (Weber) A. Br.)
Reisquecke

Sumpfgras mit am Grunde oft niederliegenden und bogig aufsteigenden, 50 bis 150 cm hohen Halmen, Blätter bis 20 cm lang und 4 bis 8 mm breit, gelbgrün, sehr rauh; Ährchen in bis 20 cm langen, weit ausladenden Rispen, Rispenäste geschlängelt. Blütezeit August bis September. Ausdauernd, z.T. aber auch nur einjährig.

Vorkommen: An Bach- und Grabenufern, an Viehtränken, Altwässern, Fischteichen, Quellen und Waldtümpeln, auf schwach überschwemmten, nährstoffreichen, mitunter verschmutzten sandig-kiesigen und schluffig-tonigen Schlammböden. Sommerwärmeliebende Stromtalpflanze, eine eigene Gesellschaft (Leersietum oryzoidis) bildend; oft zusammen mit Zweizahn-Arten, aber auch in anderen Röhrichten.

Verbreitung: Weltweit, aber lückenhaft verbreitet. In Europa nordwärts bis S-England und S-Skandinavien, ostwärts bis zum Ural, südwärts bis ins nördliche Mittelmeergebiet; ferner im Kaukasusgebiet, Kleinasien, Pamirgebiet, Ostasien, N- und S-Amerika. In Deutschland zerstreut bis selten, vor allem in tieferen Lagen; vielfach unbeständig und stellenweise wieder verschwunden.

Sonstiges: Der im tropischen SO-Asien und Afrika heimische und schon seit der Jüngeren Steinzeit angebaute Reis (*Oryza sativa* L.) ist eine der wichtigsten Kulturpflanzen der Erde. Das einjährige, bis 100 cm hoch werdende Rispengras ist eine ausgesprochene Sumpfpflanze und benötigt zu seiner Kultur flach unter Wasser stehende, teichartige Felder. Seit dem Mittelalter wird der Reis auch in den wasserreichen Gebieten der westlichen Po-Ebene (insbesondere zwischen Novara und Vercelli), später auch (z.T. nur vorübergehend) in anderen Ländern des südlichen Europa angebaut.

Equisetum fluviatile L. em. Ehrhart
(*E. limosum* Willdenow)
Schlamm-Schachtelhalm

Hochwüchsige Schachtelhalm-Art mit bis 150 cm hohen und 0,2 bis 1,2 cm dicken, ungefurchten Stengeln, sporentragende und nicht sporentragende Triebe gleich gestaltet und gleichzeitig erscheinend, Äste spärlich, bisweilen fehlend, Stengelscheiden eng anliegend, mit 15 bis 30 schwarzen, sehr schmalen weißhäutig berandeten Zähnen, Sporenähre 1 bis 3 cm lang, stumpf. Sporenreife Mai bis Juni. Ausdauernd.
Vorkommen: An Ufern und in Gräben auf tiefgründigen weichen, mäßig bis stärker nährstoffreichen Schlamm- und Sumpfhumusböden, bis in 1 m Wassertiefe. An leicht beschatteten Standorten und in höheren Gebirgen eigene Bestände (Equisetum fluviatile-Gesellschaft) bildend, sonst in verschiedenen Röhricht- und Großseggen-Gesellschaften, gern in Initialstadien; auf nassen Wiesen mit herabgesetzter Vitalität.
Verbreitung: In den gemäßigten bis kühlen Zonen der nördlichen Erdhalbkugel weit verbreitet. In Deutschland fast überall häufig, gebietsweise zerstreut.
Sonstiges: Auf Feucht- und Sumpfwiesen sowie in Verlandungs-Gesellschaften der Sumpf-Schachtelhalm (*E. palustre* L.), Stengel deutlich gefurcht, Stengelscheiden locker anliegend mit 6 bis 10 Zähnen, 20 bis 70 cm hoch, giftig und daher gefürchtetes Wiesenunkraut ("Duwock"). In meist beschatteten Quellfluren sowie in Tongruben auf sickernassen Tonböden der bis 120 cm hoch werdende Riesen-Schachtelhalm (*E. telmateia* Ehrh. = *E. maximum* Lam.), sporenährentragende Pflanzen astlos, weißrötlich, vor den unfruchtbaren grünen Sommertrieben erscheinend.

Hippuris vulgaris L.
Tannenwedel

Mäßig hohe Sumpfpflanze, leicht kenntlich an ihrem röhrigen, 10 bis 50 cm hohen Stengel, an dem die linealischen, 1,5 bis 2,5 mm breiten, hellgrünen Blätter in 9- bis 12zähligen Quirlen sitzen und die im Sommer wie kleine Tannenbäume aus dem Wasser ragen. Die unscheinbaren grünen, stark reduzierten kleinen Blüten befinden sich in den Achseln der Blätter; die Frucht ist eine kleine eiförmige Nuß. Blütezeit Mai bis August. Ausdauernd.

Vorkommen: In flachen sommerwarmen Gewässern wie Gräben und Tümpeln sowie am Ufer von Seen und Teichen mit sandigem oder tonigem, mit Nährstoffen angereichertem, kalkreichem Grund, salzertragend, daher auch in den Gräben und Prielen der Küstengebiete. In Kleinröhrichten und Kennart einer eigenen Gesellschaft (Hippuridetum vulgaris), jedoch auch in Lücken des Schilfröhrichts und in anderen Ufer-Gesellschaften. In etwas größeren Wassertiefen die seltene Unterwasserform mit bis 190 cm langen Sprossen.

Verbreitung: In den gemäßigten bis kühlen Zonen der nördlichen Erdhalbkugel bis an die Eismeerküste weit verbreitet, auch im südlichen S-Amerika und in der Antarktis. In Deutschland im Flachland und in den Flußniederungen zerstreut, sonst selten und streckenweise gänzlich fehlend, durch Meliorationen und Gewässerausbau bedroht und an verschiedenen Stellen bereits verschwunden.

Iris pseudacorus L.
Sumpf-Schwertlilie

Mäßig hohe Sumpfpflanze mit dickem, waagerecht kriechendem Wurzelstock, auf dessen Rücken die zweizeilig gestellten, 50 bis 100 cm hohen und 1 bis 3 cm breiten graugrünen, linealisch-schwertförmigen Blätter entspringen. Blütenschaft grundständig, die Blätter nur wenig überragend, Blüten in armblütigen, schraubelartig angeordneten Teilblütenständen, groß und auffällig, wie alle Schwertlilienblüten mit 3 äußeren Perigonblättern (Hängeblättern), 3 inneren Perigonblättern (Domblättern) und 3 scharf dreikantigen Staubfäden, hellgoldgelb und geruchlos, Fruchtknoten 3fächrig, Fruchtkapsel dreikantig, gelbbraun. Blütezeit Juni. Ausdauernd.

Vorkommen: An Ufern und in Verlandungszonen stehender und fließender Gewässer, auf Niedermooren und in Bruchwäldern, auf nassen, zeitweise oder meist überschwemmten nährstoffreichen Torfböden, seltener auf sandig-kiesigen oder reinen Tonböden, schattenertragend. In den meisten Röhricht- und Großseggen-Gesellschaften etwas reicherer Standorte, im Erlen-Eschenwald und in reicheren Ausbildungen des Erlenbruchwaldes.

Verbreitung: In großen Teilen des westlichen Eurasien, ostwärts bis W-Sibirien, in Europa nordwärts vereinzelt bis Lappland. In Deutschland nahezu überall häufig, nur in den höheren Gebirgslagen zurücktretend oder fehlend.

Sonstiges: In verschiedenen Formen (mit dunkelgoldgelben, cremeweißen, hellschwefelgelben sowie mit gefüllten Blüten) als Zierpflanze an Gartenteichen. In neuerer Zeit wurden auch tetraploide (4n=68) Sorten mit auffallend großen Blüten in reinen gelblichen Tönen gezüchtet.

Iris versicolor L.
Verschiedenfarbige Schwertlilie, Blaue Sumpf-Schwertlilie

Der europäischen Sumpf-Schwertlilie in den vegetativen Teilen recht ähnliche Art, aber Blüten etwas kleiner, blau- bis rötlichviolett mit dunklen Adern, dabei Staubblätter und Griffeläste heller. Blütezeit Mai bis August. Ausdauernd.
Vorkommen: An Ufern, in Verlandungszonen und im Bruchwald auf meist mäßig nährstoffreichen Torf- und humosen Sandböden; in Röhrichten, ärmeren Großseggen-Rieden und im Erlenbruchwald.
Verbreitung: Einheimisch im nördlichen N-Amerika. Im 18. Jahrhundert als Zier- und Parkpflanze für Gartenteiche und Uferbepflanzungen nach Europa gekommen und an einigen Stellen im nördlichen Europa (Schweden, Dänemark, Schottland, N-England) verwildert und eingebürgert. In Deutschland an einigen Gewässern z.B. in der Umgebung von Bad Muskau (nördl. Oberlausitz) eingebürgert, als Zierpflanze für Gartenteiche im Angebot von Staudengärtnereien.
Sonstiges: Als Zierpflanze an Gartenteichen außerdem in vielen Sorten die in Ostasien heimische Japanische Sumpf-Schwertlilie (*I. ensata* Thunb. = *I. kaempferi* Sieb. ex Lem), 60 bis 80 cm hoch, Blätter schmal, frischgrün, spitz zulaufend mit deutlich erhöhter Mittelrippe.
Blüten über dem Laub stehend, äußere Perianthblätter (Hängeblätter) rundlich bis breit oval, innere Perianthblätter (Domblätter) schmal, kurz und waagerecht abstehend, bei der Wildform rotpurpurn, bei den Gartensorten in weißen, rosaroten, blauen und violetten Farbtönen; Kultur jedoch schwierig, da die Pflanze kalkempfindlich ist und von Mai bis Juni flach überflutete, im Herbst und Winter jedoch trockenere Standorte verlangt.

Stachys palustris L.
Sumpf-Ziest

Lippenblütler mit unterirdischen Ausläufern und 30 bis 100 cm hohem Stengel, Blätter gegenständig, mit herzförmigem Grunde sitzend oder sehr kurz gestielt, lanzettlich. Blüten am Stengelende in vielen quirligen Teilblütenständen, Krone 14 bis 17 mm lang, purpurrot, sehr selten reinweiß. Blütezeit Juni bis September. Ausdauernd.
Vorkommen: An Ufern und in Verlandungszonen stehender und fließender Gewässer, auch auf vernäßten Äckern, auf nassen, z.T. zeitweise überschwemmten, nährstoffreichen Torf-, Sand-, Lehm- und Tonböden, unempfindlich gegen Wasserstandsschwankungen. Schwerpunkt in Röhricht- und Großseggen-Gesellschaften reicherer Standorte, auch in Hochstaudenfluren, auf Äckern als Vernässungszeiger.
Verbreitung: In den gemäßigten Zonen der nördlichen Erdhalbkugel weit verbreitet; in Australien und Neuseeland synanthrop. In Deutschland nahezu überall verbreitet und durchweg häufig, in den höheren Lagen der Gebirge jedoch selten oder fehlend.

Lycopus europaeus L.
Wolfstrapp

Mäßig hoher Lippenblütler mit bis über 1 m langen Ausläufern, Stengel 20 bis 100 cm hoch, Blätter gegenständig, lanzettlich, grob gesägt bis fiederlappig, die untersten oft tief fiederspaltig. Blüten in fast kugeligen dichtblütigen Scheinquirlen in den Blattachseln, Krone 4 bis 6 mm lang mit weißer Oberlippe und weißer, rotgepunkteter Unterlippe. Blütezeit Juli bis September. Ausdauernd.

Vorkommen: An Ufern und in Bruchwäldern auf nassen, z.T. zeitweilig überschwemmten, nährstoffreichen Sand-, Ton- und Torfböden, salzertragend und daher auch im Brackwasser. In Röhricht- und Großseggen-Gesellschaften, auch in Spülsäumen, Flutrasen und Hochstaudenfluren, auf Pfahl- und Mauerwerk am Ufer, zwischen Weidengebüsch und in Bruchwäldern.

Verbreitung: In großen Teilen des gemäßigten Eurasien, ostwärts bis zum Baikal-See, auch in N-Afrika; in N-Amerika und Australien eingebürgert. In Deutschland fast überall häufig, nur in den höheren Gebirgslagen selten oder fehlend.

Sonstiges: Vereinzelt und meist nur vorübergehend in Deutschland auch der eurasisch-kontinentale Hohe Wolfstrapp (*L. exaltatus* L.fil.), Stengel 90 bis 150 cm hoch, Blätter alle tief fiederspaltig, Blüten 3 bis 4 mm lang, Kelchzähne etwa so lang wie die Kelchröhre, Krone weiß, auf den Lappen der Unterlippe je ein halbmondförmiger roter Fleck. Wärmeliebende Stromtalpflanze, dort an den Ufern von Flüssen und Altwässern, insbesondere in Spülsaum- und Schleier-Gesellschaften zwischen Weidengebüsch.

Mentha aquatica L.
Wasser-Minze

Mäßig hohe, aromatisch riechende Sumpfpflanze mit 20 bis 50 (bis 100) cm hohem, vierkantigem Stengel, eiförmigen bis elliptischen, 2 bis 8 cm langen, langgestielten Blättern. Blüten in blattachselständigen halbkugeligen Scheinquirlen, die oberen in endständigen eikugeligen dichten Köpfen, Krone hellviolett oder lila. Blütezeit Juli bis Oktober. Ausdauernd.

Vorkommen: An Ufern, auf nassen Wiesen, zwischen Gebüsch und in Bruchwäldern, auf nassen, zeitweise überschwemmten nährstoffreichen humosen Sand-, Ton- und Torfböden, salzertragend und daher auch an brackigen Gewässern. Vor allem in reicheren Röhricht- und Großseggen-Gesellschaften, in einer untergetauchten Form in quellnahen Fließgewässern, auch in Hochstaudenfluren, Flutrasen, Feuchtwiesen und Quellmooren.

Verbreitung: In großen Teilen Europas, nordwärts bis S- bzw. M-Skandinavien (in Finnland nur im äußersten SW), in W- und M-Asien, N-, S- und O-Afrika; in N-Amerika, Australien und Neuseeland eingebürgert. In Deutschland weit verbreitet und fast überall häufig.

Sonstiges: *M. aquatica* bastardiert mit fast allen anderen Minze-Arten. Am häufigsten trifft man an Ufern auf die Quirl-Minze (*M.* x *verticillata* L.), eine Hybride zwischen Wasser- und Acker-Minze. Ein steriler Bastard aus Wasser-Minze und Ähren-Minze (*M. spicata* L.) ist die Ende des 17. Jahrhunderts in England entstandene, im 18. Jahrhundert nach Deutschland gekommene und heute als Tee- und Arzneipflanze häufig kultivierte Pfeffer-Minze (*M.* x *piperita* L.). Einen endständigen ährigen Blütenstand wie die Ähren-Minze weist auch die Roß-Minze (*M. longifolia* (L.) L.) auf, doch sind ihre länglich-lanzettlichen Blätter wenigstens unterseits stark behaart. Die im südlichen Mitteleuropa häufige, im nördlichen seltene Art wächst in Röhricht-, Hochstauden- und Pionier-Gesellschaften an Ufern, in Flutmulden, in Naßweiden und an Wegen und ist Kennart eines Mentho-Juncetum inflexae.

Sonchus palustris L.
Sumpf-Gänsedistel

Hochwüchsige Sumpfpflanze mit bis 3 m hohen dicken, hohlen Stengeln, Blätter unten fiederspaltig, sonst lanzettlich oder linealisch, etwas steif, stachlig bewimpert, am Grunde pfeilförmig. Korbblüten blaßgelb, in vielköpfigen Doldenrispen. Blütezeit Juli bis September.
Vorkommen: An Ufern und in Verlandungssäumen größerer Flüsse und deren Nebengewässern auf nassen bis feuchten, nährstoffreichen Torf-, Ton- und Lehmböden; sommerwärmeliebende Stromtalpflanze. Im Schilf-Röhricht und in Hochstaudenfluren, in Saum- und Schleiergesellschaften zwischen Weidengebüsch und auf Waldlichtungen.
Verbreitung: Zahlreiche Teilareale von O-England bis Zentralasien; in Europa südlich bis Ober-Italien, Rumänien, O-Bulgarien, nördlich bis S-Schweden und Lettland. In Deutschland im östlichen Tiefland bis zur unteren Elbe zerstreut, stellenweise häufig, die Vorkommen zwischen Aller und Weser größtenteils erloschen, im Rhein- und Maingebiet selten, an der Isar eingebürgert.
Sonstiges: Die drei weiteren Gänsedistel-Arten der deutschen Flora sind wesentlich niedrigere (kaum über 1 m hoch werdende) Garten- und Ackerunkräuter. An Ufern kommen sie nur gelegentlich vor, so vor allem eine Unterart der ausdauernden Acker-Gänsedistel (*S. arvensis* L. subsp. *uliginosus* (M. B.) Nym.) mit gelbdrüsigen Blütenstielen und Blütenhüllen, die auf basen- oder salzreichen Tonböden in Zaunwinden-Schleier-Gesellschaften und in Küstenspülsäumen wächst. Die einjährige Rauhe Gänsedistel (*S. asper* (L.) Hill) mit derbdunkelgrünen Blättern kommt gelegentlich auch in Spülsäumen der Flußufer vor.

Rumex hydrolapathum Hudson
Ufer-Ampfer, Hoher Ampfer

Hochwüchsige Uferpflanze mit rübenförmigem Wurzelstock und großen, 30 bis 70 cm langen und 5 bis 12 cm breiten graugrünlichen Blättern, Stengel 1 bis 2,5 m hoch, kantig gefurcht, meist purpurbraun, oberseits ästig. An seiner Spitze die rispigen Blütenstände mit grünlichen Blüten, reife Früchte braun bis schwarzbraun. Blütezeit Juli bis August. Ausdauernd.
Vorkommen: An Ufern und in den Verlandungszonen stehender und langsamfließender Gewässer auf nassen, z.T. flach überschwemmten, nährstoffreichen Schlamm-, Sand- und Torfböden; gegen Gewässerverschmutzung recht unempfindlich. Gern in Verlandungsgesellschaften auf noch wenig verfestigten Böden, vor allem in Röhricht- und Großseggen-Gesellschaften reicherer Standorte.
Verbreitung: Große Teile Europas, im äußersten Norden und Süden fehlend. In Deutschland im Tiefland und in den Tälern der größeren Flüsse häufig, sonst zerstreut bis selten, im höheren Bergland fehlend.
Sonstiges: Der ähnliche Wasser-Ampfer (*R. aquaticus* L.) besitzt dunkelgrüne Grundblätter mit herzförmigem Grund (bei *R. hydrolapathum* Blattgrund keilförmig in den Blattgrund verschmälert), die Valven (innere Perigonblätter) weisen keine Schwielen auf (bei *R. hydrolapathum* mit Schwielen). Der Wasser-Ampfer kommt in Deutschland vor allem an Fließgewässern des Berglandes vor, im Flachland ist er selten oder fehlt gebietsweise völlig.

Urtica kioviensis Rogowicz
Sumpf-Brennessel

Brennessel-Art mit langem Wurzelstock und vielfach niederliegenden und bogig aufsteigenden Stengeln, diese 60 bis 80 (bis 200) cm lang, im unteren Abschnitt 5 bis 8 mm dick, stets frisch-grün, Blätter oval-lanzettlich, grob gesägt, glänzend, Nebenblätter dreieckig, sich am Grunde berührend oder verwachsen. Männliche und weibliche Blüten stets auf einer Pflanze (einhäusig). Blütezeit Juli bis August. Ausdauernd.

Vorkommen: An den Ufern langsamfließender oder stehender nährstoffreicher Gewässer auf stets oder zeitweise flach überfluteten, sandigen, schlammigen oder torfigen Böden, oftmals an der vorderen Kante des Verlandungssaumes direkt im Wasser wachsend. In nassen Ausbildungen des Rohrglanzgras- und des Schilf-Röhrichts, auch zwischen Weidengebüsch und in nassen Bruch- und Auenwäldern.

Verbreitung: Südliches Osteuropa und SO-Europa westwärts bis ins Marchgebiet, Hauptverbreitung in den thrakischen und pannonischen Niederungsgebieten, auch in Palästina. In Deutschland im unteren Spree-Havelgebiet zerstreut bis selten, örtlich auch häufig, hier erst 1936 entdeckt, vereinzelt auch an der unteren Elbe und in Mittel-Mecklenburg, wahrscheinlich noch mancherorts übersehen.

Sonstiges: Die in hochwüchsigen Unkrautfluren frischer bis feuchter Standorte wachsende und in Deutschland fast allgegenwärtige Große Brennessel (*U. dioica* L.) kommt, durch Gewässereutrophierung gefördert, in zunehmendem Maße auch in Ufer-Röhrichten vor. Sie unterscheidet sich von der Sumpf-Brennessel vor allem durch linealisch-pfriemliche, am Grunde deutlich voneinander getrennte Nebenblätter, aufrechte, jedoch kaum über 5 mm dicke und meist bräunlich-purpurn gefärbte Stengel, mattgrüne Blätter und Zweihäusigkeit. An Stellen, an denen beide Arten dicht beieinander wachsen, scheint es Hybriden zu geben.

Rorippa amphibia (L.) Besser
(*Nasturtium amphibium* (L.) R. Br.)
Wasser-Sumpfkresse

Mittelgroßer Kreuzblütler mit 40 bis 120 cm hohem, hohlem und ästigem Stengel, Blätter gelblich- bis grasgrün, die unteren eiförmig bis lanzettlich, ungeteilt oder leierförmig-fiederspaltig bis kammförmig-fiederteilig, die oberen schmal lanzettlich bis länglich, meist gezähnt oder gekerbt. Blütenstand doldentraubig, Kronblätter 4 bis 5 mm lang, goldgelb. Blütezeit Mai bis August. Ausdauernd.

Vorkommen: An den Ufern stehender oder langsamfließender Gewässer auf wechselnassen, oftmals zeitweise überschwemmten, nährstoffreichen Schlamm- und Sumpfhumus-Böden, auch auf noch wenig verfestigten Verlandungssäumen, auf Teichböden und in Spülsäumen. Kennart des Wasserkresse-Wasserfenchel-Röhrichts (Oenantho-Rorippetum amphibiae), auch in anderen Röhricht- und Großseggen-Gesellschaften reicherer Standorte, in Flutrasen, Zweizahn-Fluren und Zwergbinsen-Gesellschaften.

Verbreitung: Große Teile Europas und Sibiriens mit Ausnahme des äußersten Nordens, im Mittelmeergebiet selten, mit Vorposten im Kaukasusgebiet und Kleinasien; in N-Amerika eingeschleppt und stellenweise eingebürgert. In Deutschland im Tiefland, vor allem in den Stromtälern, häufig, sonst zerstreut bis selten, im höheren Bergland fehlend.

Sium latifolium L.
Breitblättriger Merk

Hochwüchsiger Doldenblütler mit aufrechtem, dickem, röhrig-hohlem, tief gefurchtem, 100 bis 150 cm hohem Stengel, Unterwasserblätter kammförmig zerschlitzt, Überwasserblätter einfach gefiedert, bis 40 cm lang, Teilblätter eilänglich oder lanzettlich, 3 bis 6 cm lang, scharf gesägt. Dolde mit 15 bis 25 Dolden 2. Ordnung, Einzelblüten weiß. Blütezeit Juli bis August. Ausdauernd.

Vorkommen: An Ufern stehender oder langsam fließender, nährstoffreicher Gewässer, in Gräben und periodischen Tümpeln, auf humosen Schlammböden bis in 60 cm Wassertiefe; sommerwärmeliebend. In reicheren Röhricht- und Großseggen-Gesellschaften, auch in verlichteten Bruch- und Auenwäldern und auf leicht brackigen Standorten.

Verbreitung: In den gemäßigten Zonen Eurasiens weit verbreitet, in Australien eingeschleppt. In Deutschland im Flachland ziemlich häufig, sonst meist nur in den größeren Flußtälern, im Bergland weithin fehlend, nur vereinzelt bis 700 m.

Oenanthe aquatica (L.) Poiret
Gemeiner Wasserfenchel

Mäßig hohes bis hochwüchsiges Doldengewächs mit am Grund sehr dickem, hohlem, aufrechtem oder aufsteigendem Stengel, 30 bis 150 cm hoch, mitunter auch im Wasser flutend, stark sparrig verzweigt, Blätter grasgrün, 2- bis 5fach gefiedert. Blütendolden end- oder seitenständig, mit 6 bis 17 Dolden 2. Ordnung, Einzelblüten klein, weiß. Blütezeit Juni bis August. Ein- oder zweijährig (winterannuell), selten ausdauernd.

Vorkommen: An Ufern von stehenden, meist flachen Gewässern mit schwankendem Wasserstand auf flach überschwemmten, sommerlich trockenfallenden, nährstoffreichen Schlamm- und Schlickböden; sommerwärmeliebend. Kennart des Wasserkresse-Wasserfenchel-Röhrichts, auch in anderen Röhricht- und Großseggen-Gesellschaften, auf Teichböden und Schlammufern oft auch in Zwergbinsen-Gesellschaften.

Verbreitung: In großen Teilen der gemäßigten Zonen Eurasiens, in Europa nordwärts bis Schottland und S-Skandinavien. In Deutschland im Flachland und in den Flußniederungen häufig, sonst zerstreut bis selten, im höheren Bergland fehlend.

Oenanthe fistulosa L.
Röhriger Wasserfenchel

Mäßig hohes Doldengewächs von bleich seegrüner Farbe mit 30 bis 80 cm hohem, röhrigem, leicht zusammendrückbarem Stengel, unterste Blätter 2- bis 3fach, obere 1- bis 2fach gefiedert mit schmal ovalen Teilblättern. Blütendolden relativ klein, locker, die unteren nur mit 2 bis 4, die obersten mit 6 bis 10 Dolden 2. Ordnung, Kronblätter weiß oder rötlich. Blütezeit Mai bis Juli.
Vorkommen: In Gräben und Flutmulden, an Ufern und auf Überschwemmungswiesen auf nassen bis feuchten, z.T. flach überschwemmten nährstoffreichen Schlamm- und Schlickböden, wärmeliebend und salzertragend, daher gehäuft an den Küsten und in der Nähe von Binnensalzstellen. Vor allem in Bach- und Brackröhrichten, ferner in Großseggen-Gesellschaften reicherer Standorte.
Verbreitung: M-, W- und S-Europa, nordwärts nur bis S-Schweden, westliches O-Europa, Vorderasien und NW-Afrika. In Deutschland im Flachland zerstreut, stellenweise häufig, im Mittelgebirgsraum hauptsächlich in den Flußtälern, dort vielfach bereits erloschen, im eigentlichen Bergland fehlend.

Galium elongatum C. Presl
(*Galium palustre* L. subsp. *elongatum* (C. Presl) Arcangeli)
Hohes Sumpf-Labkraut

Relativ hochwüchsige Kleinart des Sumpf-Labkrautes mit 50 bis 100 cm hohen weißkantigen Stengeln, die durch rückwärts gerichtete Stächelchen rauh sind, Blätter in Quirlen zu 4 bis 6, oval bis lanzettlich, 20 bis 25 mm lang und 2,5 bis 5 mm breit. Blütenstand breit und unterbrochen pyramidenförmig, reichblütig, Einzelblüte 4zählig, Krone 3 bis 4 mm im Durchmesser. Blütezeit Juni bis August. Ausdauernd.

Vorkommen: An Ufern, in Verlandungszonen und Bruchwäldern auf nassen, zeitweise überschwemmten, nährstoffreichen Torf-, Ton- und Sumpfhumus-Böden. In Röhrichten, Großseggen-Gesellschaften und in nicht zu armen Ausbildungen des Erlenbruchwaldes.

Verbreitung: W-, M- und S-Europa, in Schweden und Finnland nördlich bis zum Polarkreis, westliches O-Europa, Kleinasien, Kaukasusgebiet und NW-Afrika. In Deutschland meist überall ziemlich häufig.

Sonstiges: Das eigentliche Sumpf-Labkraut (*G. palustre* L.) hat keine weißkantigen Stengel, ist niederwüchsiger und hat etwas kleinere Blüten. Es ist an ähnlichen Standorten sowie auf Wiesen und Mooren verbreitet und häufig.

Solanum dulcamara L.
Bittersüß

Bis 200 cm hoch aufwachsender Spreizklimmer mit unterseits verholzendem Stengel, länglich-eiförmigen, ganzrandigen, am Grunde oft herzförmigen Blättern. Blüten violett, Blütenkrone 5spitzig, in rispenartigen Wickeln, reife Frucht eine eiförmige rote Beere. Blütezeit Juni bis August. Ausdauernd.
Vorkommen: An Ufern, zwischen Weidengebüsch und im Erlenbruchwald auf nassen bis frischen, nährstoffreichen Torf-, Lehm- und Tonböden; vor allem in trockeneren Ausbildungen des Schilfröhrichts („Landröhricht") und Trennart einer entsprechenden Untergesellschaft, ferner in Saum- und Schleier-Gesellschaften der Uferränder, in reicheren Bruch- und Auenwäldern.

Verbreitung: In den gemäßigten und kühlen Zonen Eurasiens weit verbreitet, nordwärts bis zum Polarkreis, südwärts bis NW-Afrika. In Deutschland überall häufig, in den höchsten Gebirgslagen jedoch selten oder fehlend.
Sonstiges: An gleichen Standorten als weitere Kletterpflanze auch die Zaunwinde (*Calystegia sepium* (L.) R. Br.) mit bis 3 m hoch linkswindendem Stengel, breit-eiförmigen, am Grunde pfeil- und herzförmigen Blättern und großen trichterförmigen weißen Blüten. Die in den gemäßigten Zonen Eurasiens heimische Art kommt in Deutschland von der Ebene bis in mittlere Gebirgslagen vor und ist nahezu überall häufig.

Lythrum salicaria L.
Blutweiderich

Höhere Sumpfstaude mit aufrechtem, 100 bis 200 cm hohem kantigem Stengel, Blätter lanzettlich, bis 10 cm lang, sitzend. Blüten in endständigen, meist über 10 cm langen Scheinähren, 6zählig, Kronblätter 8 bis 12 mm lang, purpurrot, Frucht eine 3 bis 6 mm lange Kapsel mit sehr feinen Samen. Blütezeit Juni bis September. Ausdauernd.
Vorkommen: An Ufern und auf staudenreichen Naßwiesen auf wechselnassen, nährstoffreichen Torf-, Sand-, Lehm- und Tonböden, schnittempfindlich. In Röhrichten, Hochstaudenfluren und in Großseggen-Rieden, hier mitunter Massenbestände bildend, auch als Pionier in lückigen Zwergbinsen- und Strandlings-Gesellschaften und in Bruch- und Auenwäldern.

Verbreitung: In den gemäßigten Zonen Eurasiens weit verbreitet, ferner NW-Afrika und SO-Australien; in N-Amerika eingebürgert. In Deutschland meist überall häufig, nur in einigen Mittelgebirgen seltener oder streckenweise fehlend, in den Alpen bis 1600 m aufsteigend.
Sonstiges: Die Art ist sehr variabel, je nach der Behaarung werden mehrere Varietäten unterschieden. Der Blutweiderich findet auch als Pflanze für Gartenteiche Verwendung. Hierfür gibt es mehrere, teils durch Auslese, teils durch Kreuzungen mit der folgenden Art entstandene Sorten mit rosaroten, lachskarminroten und großen rosa Blüten.

Sonstiges: Außer dieser Art gibt es in S-Europa, z.T. bis Mittelasien ausstrahlend, eine ganze Reihe einjähriger niedriger bis mittelhoher *Lythrum*-Arten, die meist an Ufern und in Senken in Zwergbinsen-Gesellschaften wachsen. Außer *L. hyssopifolia* (vgl. Seite 301) und *L. portula* (= *Peplis portula,* vgl. Seite 279) tritt keine von ihnen in Deutschland in Erscheinung, auch kaum einmal als vorübergehend eingeschleppte Adventivpflanze.

Lythrum virgatum L.
Ruten-Blutweiderich

Dem gewöhnlichen Blutweiderich ähnliche Art, aber kleiner (40 bis 80 cm) und weniger kräftig, Blätter linealisch-länglich bis schmal-lanzettlich, sitzend, 2 bis 4 cm lang. Blüten meist zu 1 bis 3 in den Blattachseln, Kronblätter 6 bis 10 mm lang, lebhaft violettrot. Blütezeit Juni bis August.
Vorkommen: An ähnlichen Standorten wie *L. salicaria,* unempfindlich gegen ein vorübergehendes Austrocknen.
Verbreitung: Im südlichen und mittleren O-Europa, ostwärts bis S-Sibirien, westwärts bis NW-Italien, Oberösterreich, Böhmen und Oberschlesien. In Deutschland gelegentlich als Zierpflanze an Gartenteichen und örtlich verwildert.

Alisma plantago-aquatica L.
Gemeiner Froschlöffel

Sumpfstaude mit knolligem Wurzelstock, bei höherem Wasserstand Ausbildung bandförmig-linealischer Tauchblätter und schmalelliptischer Schwimmblätter, sonst Blätter (Überwasserblätter) rosettig angeordnet, lang gestielt mit eiförmiger bis eilanzettlicher, 0,5 bis 10 cm breiter Spreite, hellgrün. Blütenstand über 100 cm hoch werdend, sehr reichblütig, höher als breit, Einzelblüten rein weiß bis schwach rosa, sich meist erst gegen Mittag öffnend. Blütezeit Juni bis September. Ausdauernd.
Vorkommen: An Ufern stehender oder langsam fließender Gewässer, insbesondere auf zeitweise flach überschwemmten Uferbänken und am Boden trockenfallender Tümpel und Teiche, in Gräben, auf nassen, nährstoffreichen sandigen oder tonigen Schlammböden. Im Sumpfkresse-Wasserfenchel-Röhricht und anderen Röhricht-Gesellschaften, auch als Pionierpflanze auf trockengefallenen Schlammflächen.
Verbreitung: Ursprünglich und durch Verschleppung heute nahezu weltweit verbreitet, in Europa nordwärts bis über den Polarkreis. In Deutschland fast überall häufig, in den höheren Gebirgslagen seltener, über 1000 bis 1150 m fehlend.
Sonstiges: Der Gras-Froschlöffel (*A. gramineum* Lej.) mit zunächst lineal-bandförmigen, 15 bis 100 cm langen Unterwasserblättern, dann mit ovalen bis schmal lanzettlichen langgestielten dunkelgrünen Überwasserblättern, Blütenstand oft reich verästelt, 20 bis 50 cm hoch, Kronblätter purpurweiß, klein, wächst in Verlandungs-Gesellschaften meist mäßig nährstoffreicher Gewässer. Die Art ist an warme Tieflagen gebunden, im Küstengebiet kommt sie auch in Brackwasser-Tümpeln vor. Sie ist in Deutschland selten und stark gefährdet.
Als Gartenteichpflanze wird bisweilen auch der Amerikanische Froschlöffel (*A. subcordatum* Raf.) mit breitoval-rundlichen Blattspreiten und 60 cm hohen Blütenstand angepflanzt.

Alisma lanceolatum Withering
Lanzettblättriger Froschlöffel

Dem Gemeinen Froschlöffel sehr ähnliche Staude, aber meist etwas kleiner, Blätter eilanzettlich, 1,5 bis 4,5 cm breit, dunkelgrün. Blütenstand 20 bis 70 cm hoch, meist kaum höher als breit, Einzelblüten rosa bis blaßviolett, vormittags geöffnet. Blütezeit Mai bis September. Ausdauernd.
Vorkommen: Ähnlich wie der Gemeine Froschlöffel, besonders auf kalkreichen Böden; Schwerpunkt in Initialstadien auf Uferbänken und sommerlich trockenfallenden schlammigen bis schlickigen Uferrändern und Teichböden, in Auentümpeln der Überschwemmungsgebiete und in Feldtümpeln der Jungmoränenlandschaften.
Verbreitung: Eurasien, ostwärts bis Zentral-Asien und NW-Indien, in Europa nordwärts bis Schottland und S-Skandinavien, N-Afrika; in S-Australien und S-Amerika eingeschleppt. In Deutschland vor allem in den großen Flußtälern und Teichgebieten zerstreut bis selten, örtlich häufiger, wahrscheinlich noch vielfach übersehen.
Sonstiges: Aus der nahe verwandten, meist tropisch bis subtropisch verbreiteten Gattung *Caldesia* tritt der Herzlöffel (*C. parnassifolia* (Bassi) Parlatore) mit bandförmigen Unterwasserblättern und ovalherzförmigen Schwimmblättern sowie reichblütigen, bis 90cm aufragenden rispigen Blütenständen mit weißen oder hellgelben Blüten, durch Zugvögel aus Afrika mitgebracht, als unbeständige Seltenheit gelegentlich auch in Kleingewässern Mitteleuropas auf.
Zwei Arten der Gattung *Damasonium* (Sternfroschlöffel), kenntlich an ihren sternförmig angeordneten Früchtchen und in seichten, sommerlich oft trockenfallenden Gewässern wachsend, und zwar *D. alisma* Miller und *D. polyspermum* Cossone, bleiben in Europa auf den Süden und Westen beschränkt.

Epilobium hirsutum L.
Zottiges Weidenröschen

Hochwüchsige Sumpfpflanze mit stielrunden, zottig behaarten, 80 bis 150 cm hohen Stengeln, Blätter halbstengelumfassend, länglich-lanzettlich, 6 bis 12 cm lang, scharf gezähnt-gesägt. Blüten 15 bis 23 mm breit, tiefrosa. Blütezeit Juni bis September.
Vorkommen: An Ufern stehender und fließender Gewässer auf nassen bis feuchten, nährstoffreichen humosen Sand-, Ton- und Torfböden. In Röhricht-Gesellschaften und Hochstaudenfluren, auch in Schleiergesellschaften an Weidengebüschen.
Verbreitung: In großen Teilen von Eurasien, nordwärts bis etwa 60° nördlicher Breite, ferner N- und S-Afrika. In Deutschland weit verbreitet und meist überall häufig, in den höheren Lagen der Gebirge selten oder fehlend.
Sonstiges: An Ufern in Röhrichten und Hochstaudenfluren außerdem die etwas kleineren Arten Bach-Weidenröschen (*E. parviflorum* Schreb.), Blätter verschmälert oder herzförmig sitzend, schwach entfernt gezähnt, Kronblätter 5 bis 9 mm lang, rotviolett bis purpurrot; Rosenrotes Weidenröschen (*E. roseum* Schreb.), Blätter lanzettlich, 5 bis 20 cm lang gestielt, drüsig gezähnelt, Kronblätter 4 bis 7 mm lang, zuerst fast weiß, später rosa gestreift; Dunkelgrünes Weidenröschen (*E. obscurum* Schreb.), Blätter schmal eiförmig oder lanzettlich, dunkelgrün, entfernt undeutlich gezähnelt, Kronblätter 5 bis 7 mm lang, rot; Vierkantiges Weidenröschen (*E. tetragonum* L.), Blätter länglich-lanzettlich, hellgrün, glänzend, dicht gezähnelt, Kronblätter 4 bis 6 mm lang, rosenrot.

Epilobium palustre L.
Sumpf-Weidenröschen

Mäßig hohe Sumpfstaude mit stielrundem, 10 bis 50 cm hohem, weichhaarigem Stengel, Blätter sitzend, länglich-lanzettlich, ganzrandig oder leicht gezähnelt; Blüten klein, fleischfarben oder weißlich, vor dem Aufblühen nickend. Blütezeit Juli bis September. Ausdauernd.
Vorkommen: An Ufern, in Flach- und Quellmooren, auf Naßwiesen, auf nassen bis feuchten, nährstoffreichen, meist kalkarmen Torf- und humosen Sandböden. In Röhrichten, Großseggen-Gesellschaften, Quellfluren und Feuchtwiesen; gern an Störstellen.
Verbreitung: Auf der nördlichen Erdhalbkugel von der warmgemäßigten bis zur arktischen Zone weit verbreitet. In Deutschland besonders in Silikatgebieten häufig, in Kalkgebieten seltener und streckenweise fehlend.
Sonstiges: In Quellfluren der höheren Gebirge noch die niedrigen, 5 bis 30 cm hohen ausläuferbildenden Arten Nickendes Weidenröschen (*E. nutans* F. W. Schmidt), Blätter eiförmig oder elliptisch, fast ganzrandig, Kronblätter 3 bis 6 mm lang, blaßviolett;
Alpen-Weidenröschen (*E. anagallidifolium* Lam.), Wuchs rasenbildend, Blätter ganzrandig, kurz gestielt, Kronblätter 4 bis 5 mm lang, blaßrot;
Mierenblättriges Weidenröschen (*E. alsinifolium* Vill.), Blätter breit oval bis breit lanzettlich, entfernt gezähnelt, glänzend dunkelgrün, Kronblätter 8 bis 11 mm lang, rot bis hell-purpurrosa.

9 Großseggen-Riede

Sowohl unmittelbar an den Ufern nährstoffärmerer stehender Gewässer als auch im hinteren Bereich der Verlandungszonen nährstoffärmerer bis nährstoffreicher Gewässer, auf Überschwemmungswiesen in Flachmoorniederungen und Flußauen können sich auf ständig nassen bis wechselnassen, meist torfigen Standorten teils eng begrenzte, teils großflächige Großseggen-Riede entwickeln. An ihrem Aufbau sind sowohl horstförmig wachsende, mitunter mächtige Bulten bildende Seggen (*Carex elata, C. paniculata, C. appropinquata*) als auch ausläuferbildende und rasig wachsende höherwüchsige Seggen (*Carex gracilis, C. acutiformis, C. riparia* u.a.) beteiligt, wobei jeweils meist nur eine Art vorherrscht. Obwohl sich zwischen den Seggen noch weitere Sumpfpflanzen entfalten können, sind derartige Großseggen-Riede insgesamt doch recht artenarm, und die

In ärmeren Stillgewässern sind Großseggen-Riede oftmals unmittelbar an der Verlandung beteiligt.

Nur noch stellenweise nehmen Großseggen-Riede in den Niederungen größere Flächen ein (Spreewald bei Lübbenau).

meist dunkel- oder blaugrünen Seggenhalme bestimmen das Bild der einzelnen Gesellschaften. Es gibt aber mitunter auch Blühaspekte begleitender Sumpfstauden, z.B. vom Sumpf-Haarstrang.

Da die harten und oft scharfen Seggenblätter vom Vieh kaum gefressen werden, konnten die Großseggen-Riede landwirtschaftlich meist nur als Streuwiesen genutzt werden, wenn nicht bultiger Wuchs eine Mahd überhaupt unmöglich machte. So wurden die ehemals vielfach recht ausgedehnten Großseggen-Riede durch Entwässerungen und Meliorationen stark zurückgedrängt und durch Wirtschaftsgrünland ersetzt. Bisher als Streuwiesen genutzte Bestände entwickelten sich nach Einstellung der Mahd nach und nach wieder zu Bruchwäldern zurück, durch deren Rodung sie einstmals entstanden waren. Dadurch sind in Deutschland die Großseggen-Riede selten geworden und oft nur noch kleinflächig vorhanden; ihre Komponenten gehören teilweise bereits zu den gefährdeten Pflanzenarten.

Carex elata All.
(*Carex stricta* Good.)
Steife Segge

Kräftige, bis über 100 cm hoch werdende, verschiedenährige Bultsegge mit steifen, 2 bis 3,5 mm breiten graugrünen Blättern, grundständige Blattscheiden hellgelbbraun. Blütenstand 10 bis 20 cm lang, mit 2 bis 4 weiblichen (manchmal an der Spitze auch männlichen) und 1 bis 3 rein männlichen Ährchen, Fruchtschläuche bläulich-graugrün. Blütezeit April bis Mai (mitunter nochmals September bis Oktober). Ausdauernd.

Vorkommen: An den Ufern von Gewässern, auf Flachmooren oder in der nassen Randzone von Hochmooren, auf nassen, zeitweise oder dauernd flach überschwemmten, mäßig nährstoffreichen, aber oft kalkreichen Torfböden oder torfig-sandigen Ton- und Schlickböden; sommerwärmeliebend. Mitunter größere Bestände bildend und Kennart des Steifseggen-Rieds (Caricetum elatae), auch in anderen Großseggen- und Röhricht-Gesellschaften.

Verbreitung: In fast ganz Europa, im Norden bis S-Skandinavien, im Mittelmeergebiet (auch in N-Afrika) selten, südostwärts bis in das Kaukasus-Gebiet. In Deutschland vom Tiefland bis in die subalpine Stufe verbreitet und stellenweise häufig, sonst zerstreut bis selten, stellenweise fehlend. Früher häufiger, infolge Meliorationen vielfach stark zurückgedrängt.

Carex appropinquata Schumacher
(*Carex paradoxa* Willd.)
Wunder-Segge, Schwarzschopf-Segge

Kräftige, mitunter mächtige Bulte bildende, 30 bis 60 (bis 100) cm hohe gleichährige Segge mit 2 bis 3 mm breiten Blättern, grundständige Blattscheiden schwarzbraun, einen Faserschopf bildend. Blütenstand 2 bis 6 cm lang mit zahlreichen Ährchen, eine dichte längliche Rispe bildend, Fruchtschläuche hellbraun. Blütezeit Mai bis Juni. Ausdauernd.
Vorkommen: Hinter dem Röhricht an stehenden Gewässern auf nassen, mäßig nährstoffreichen, aber meist kalkreichen Torfböden. Kennart des Wunderseggen-Rieds (Caricetum appropinquatae), oftmals im Kontakt mit Zwischenmooren, auch in ärmeren Bruchwäldern.
Verbreitung: In den kühlgemäßigten und borealen Zonen Eurasiens weit verbreitet, ostwärts bis ins Jenissei-Gebiet und in den Altai, in den warm-gemäßigten Zonen ausklingend. In Deutschland im nordöstlichen Flachland zerstreut, sonst selten und streckenweise fehlend.
Sonstiges: Ähnlich die Rispen-Segge (*C. paniculata* Jusl.) mit etwas breiteren (3 bis 7 mm) Blättern und ohne Faserschopf, gern an etwas quelligen oder quellzügigen Standorten.

Carex gracilis Curtis
Schlank-Segge

Die Schlank-Segge ist eine 40 bis 100 cm hohe, ausläuferbildende verschiedenährige Segge mit relativ schmalen, 4 bis 8 mm breiten, oft überhängenden grünen Blättern, Blütenstand bis 30 cm lang, zur Fruchtzeit nickend, mit 2 bis 6 weiblichen und 1 bis 4 männlichen Ährchen. Blütezeit Mai bis Juni. Ausdauernd.

Vorkommen: Auf nassen, oftmals periodisch überfluteten, wechselnassen, nährstoff- und basenreichen Torf-, Sand-, Lehm- und Tonböden, meist bestandsbildend. Kennart des Schlankseggen-Rieds (Caricetum gracilis), auch in anderen Großseggen-Gesellschaften, auf nassen Wiesen, Flutrasen und in Auenwäldern.

Verbreitung: In fast ganz Europa, nordwärts bis zum Polarkreis, ostwärts bis zum Ural und nach Kasachstan, im Mittelmeergebiet meist nur vereinzelt; auch in Vorderasien und im Kaukasusgebiet. In Deutschland vom Tiefland bis in die Alpen häufig bis zerstreut, mit Schwerpunkt in den Strom- und Flußtalniederungen.

Sonstiges: Die Schlank-Segge ist eine vielgestaltige Art, von der sich 2 Unterarten unterscheiden lassen:

Subsp. *gracilis*: Stengel zuletzt nickend, Spelzen meist deutlich länger oder doch so lang wie die Fruchtschläuche, spitz, Blätter bis 9mm breit.

Subsp. *erecta* Kükenthal (= *C. gracilis* subsp. *tricostata* (Fries) Ascherson ex Hegi): Stengel starr aufrecht, Spelzen kürzer als die Fruchtschläuche, meist stumpflich, Blätter meist unter 5mm breit; auf etwas trockeneren Standorten.

Carex riparia Curtis
Ufer-Segge

Bis 120 (bis 150) cm hochwachsende, ausläuferbildende verschiedenährige Segge mit relativ breiten, 8 bis 20 mm breiten, auffällig graugrünen Blättern, Blattscheiden stark gitternervig und netzfaserig braun. Blütenstand aus 3 bis 4 weiblichen und 3 bis 5 männlichen Ährchen. Blütezeit Mai bis Juni. Ausdauernd.

Vorkommen: Meist an Ufern stehender oder langsam fließender Gewässer im Flachland und auf zeitweilig überfluteten, nährstoff- und basenreichen Torf-, Ton- und Sandböden; etwas wärmeliebend. Kennart des Ufer- und Sumpfseggen-Riedes (Caricetum ripario-acutiformis), an Ufern auch eigene Bestände bildend, vereinzelt auch in anderen Großseggen-Gesellschaften, Röhrichten und Bruch- und Auenwäldern reicherer Standorte.

Verbreitung: In Eurasien weit verbreitet, ostwärts bis in die Mongolei, südwärts bis NW-Afrika. In Deutschland in den Tieflagen vielfach häufig, sonst zerstreut bis in die mittleren Gebirgslagen, im Alpenvorland selten, in den Alpen weithin fehlend.

Sonstiges: Die oft mit dieser Art zusammen vorkommende, aber auch eigene Bestände und Uferröhrichte bildende Sumpf-Segge (C. *acutiformis* Ehrhart) unterscheidet sich von ihr durch schmälere, 4 bis 10 mm breite, nur unterseits graugrüne Blätter und rotbraune grundständige Blattscheiden.

Carex vesicaria L.
Blasen-Segge

Die Blasen-Segge ist eine 30 bis 60 cm hohe, rasenförmig wachsende verschiedenährige Segge mit grasgrünen, 5 bis 7 mm breiten Blättern. Blütenstand mit 2 bis 3 hängenden weiblichen und 1 bis 3 aufrechten männlichen Ährchen, Fruchtschläuche aufgeblasen, grünlichgelb bis gelb, glänzend. Blütezeit Mai bis Juni. Ausdauernd (wintergrün).
Vorkommen: An Ufern stehender und langsamfließender Gewässer, auf Überschwemmungswiesen und in Auenwäldern, im flachen Wasser und auf zeitweise überfluteten, nährstoff- und basenreichen Torf- und Schlammböden; anspruchsvoller als die Schnabel-Segge. Meist in eigenen Beständen (Caricetum vesicariae) oder im Schlankseggen-Ried.

Verbreitung: In den gemäßigten Zonen der nördlichen Erdhalbkugel weit verbreitet, nördlich bis 70 ° nördlicher Breite, südwärts bis S-Spanien und zum Kaukasusgebiet. In Deutschland häufig bis zerstreut, im höheren Bergland selten.

Carex rostrata Stokes
Schnabel-Segge

Die Schnabel-Segge ist eine 30 bis 60 cm hohe, ausläuferbildende verschiedenährige Segge mit auffallend graugrünen, 2,5 bis 5 mm breiten Blättern. Blütenstand mit 2 bis 3 weiblichen und 2 bis 5 männlichen Blüten. Fruchtschläuche aufgeblasen, zuletzt bräunlichgelb, glänzend. Blütezeit Juni bis Juli. Ausdauernd.

Vorkommen: An den Ufern nährstoffärmerer Gewässer, in Moorgräben und auf Moorwiesen, in Mooren, auf nassen, mäßig nährstoffreichen, meist kalkarmen und saueren Torfschlamm-, Torf- und Sandböden. Kennart des Schnabelseggen-Rieds (Caricetum rostratae), auch in anderen Großseggen-Gesellschaften ärmerer Standorte; auf Hochmooren Mineralbodenwasseranzeiger.

Verbreitung: Im nördlichen Eurasien und in N-Amerika weit verbreitet. In Deutschland vom Tiefland bis in die Alpen vor allem in Moor- und Silikatgebieten häufig, sonst zerstreut, in wärmeren Kalkgebieten und Flußauen selten und streckenweise fehlend.

Sonstiges: In N–Europa kommt die Schnabel-Segge oft zusammen mit der Wasser-Segge (*C. aquatilis* Wahlenberg) vor. Diese tritt stellenweise auch in Deutschland auf, und zwar vor allem im nordwestlichen Niedersachsen. Dort bildet sie in den Randzonen verlandender Altwässer und an Bächen und Gräben in Niedermoorgebieten eine eigene Gesellschaft (Lysimachio-Caricetum aquatilis). Die hochwüchsige Ausläufersegge ähnelt *C. gracilis* (s.S. 225), besitzt aber oberseits graugrüne (nicht grüne), unterseits grüne (nicht graugrüne) Blattspreiten sowie rote (nicht braune) untere Blattscheiden, die weiblichen Ähren stehen aufrecht (nicht nickend).

Carex vulpina L.
Fuchs-Segge

30 bis 90 cm hohe, gleichährige Segge mit scharf dreikantigem Stengel und 4 bis 8 mm breiten, dunkelgrünen Blättern. Blütenstand aus 5 bis 8 eiförmigen Ährchen. Blütezeit Mai bis Juni. Ausdauernd.

Vorkommen: Auf Wiesen und in Flutmulden im Überschwemmungsgebiet von Strom- und Talauen auf wechselnassen, zeitweise überfluteten nährstoff- und basenreichen, humosen Lehm- und Tonböden. Kennart des Fuchsseggen-Rieds (Caricetum vulpinae), auch im Rohrglanzgras-Röhricht oder in Flutrasen.

Verbreitung: In großen Teilen Europas, jedoch in W-Europa selten, nordwärts bis S-Skandinavien, ostwärts bis SW-Sibirien und Kasachstan, südwärts bis NW-Afrika und Kleinasien. In Deutschland in den großen Stromtälern meist häufig, sonst zerstreut, stellenweise selten, im Bergland vielfach fehlend.

Sonstiges: Ähnlich *C. cuprina* (Sandor ex Heuffel) Nendtvich ex Kerner, aber Stengel weniger scharf dreikantig (ungeflügelt, Seitenflächen fast eben), Tragblätter der Ährchen länger als die Ähre, schlaff (bei *C. vulpina* kaum länger als die Ähre, borstenförmig), im Erlen-Eschen-Wald, in Großseggen-Rieden und Naßwiesen, salzertragend und daher auch auf Salzwiesen.

Carex pseudocyperus L.
Schein-Zypergras-Segge

50 bis 90 cm hohe, horstbildende verschiedenährige Segge mit lebhaft grünen bis gelbgrünen, 0,6 bis 1,2 cm breiten Blättern. Blütenstand 5 bis 10 cm lang mit 3 bis 6 langgestielten und zur Fruchtzeit herabhängenden weiblichen Ährchen und 1 (selten 2) männlichen Ährchen, Fruchtschläuche gelbgrün bis gelblich. Blütezeit Mai bis Juni. Ausdauernd (wintergrün).
Vorkommen: An den Ufern stehender, mäßig bis stärker nährstoffreicher Gewässer, vor allem an Schwingkanten auf noch wenig verfestigten organischen Substraten, auch sonst fast immer an der unmittelbaren Uferkante; etwas wärmeliebend. Kennart der Wasserschierling-Scheinzypergrasseggen-Gesellschaft (Cicuto-Caricetum pseudocyperi), auch im Schilfröhricht und in Erlenbrüchen.
Verbreitung: In weiten Teilen des gemäßigten Eurasien, in N-Afrika und im nordöstlichen N-Amerika. In Deutschland im Tiefland vielfach häufig, sonst zerstreut oder selten, im höheren Bergland vielfach fehlend.

Cicuta virosa L.
Wasserschierling

Hochwüchsiger Doldenblütler mit knolligem oder rübenartig verdicktem, hohlen, durch Querwände gekammertem Wurzelstock, Stengel 50 bis 150 cm hoch, Blätter 2- bis 3fach gefiedert, Teilblätter schmal lanzettlich, scharf gesägt. Blütendolde 15- bis 25strahlig, Einzelblüten klein, weiß. Blütezeit Juni bis August. Ausdauernd.

Vorkommen: In den Verlandungsgürteln stehender Gewässer auf noch wenig verfestigten, nassen, z.T. dauernd oder zeitweise flach überfluteten, mäßig nährstoffreichen, torfig-humosen Schlammböden. Optimal in Schwingkanten und dort Kennart der Wasserschierling-Scheinzypergras-Gesellschaft (Cicuto-Caricetum pseudocyperi), auch in anderen ärmeren Großseggen-Rieden und Röhrichten.

Verbreitung: Im nördlichen Eurasien weit verbreitet, südwärts bis Po-Ebene, Siebenbürgen, Donaudelta und Kaukasusgebiet, im Mittelmeergebiet fehlend. In Deutschland im Tiefland häufig bis zerstreut, im Bergland selten und streckenweise fehlend. Empfindlich gegen menschliche Einflüsse und daher vielfach im Rückgang.

Sonstiges: Durch den Gehalt an Cicutoxin stark giftig

Ranunculus lingua L.
Zungen-Hahnenfuß

Hochwüchsige Hahnenfuß-Art mit 60 bis 120 cm hohem, reich verzweigtem, hohlem Stengel, Stengelblätter länglich-lanzettlich, allmählich in den Stiel verschmälert, 15 bis 25 cm lang und 1,2 bis 3,5 cm breit. Blüten 3 bis 4 cm im Durchmesser, Kronblätter goldgelb, glänzend. Blütezeit Juni bis August. Ausdauernd.

Vorkommen: An Ufern und auf Flachmooren auf nassen, basenreichen, aber meist mäßig nährstoffreichen, meist noch wenig verfestigten Schlamm- und Torfböden; sommerwärmeliebend, empfindlich gegen Salz und Abwasser. Schwerpunkt in ärmeren Großseggen-Verlandungsgesellschaften, insbesondere im Caricetum rostratae (hier z.T. faciesbildend), aber auch in anderen Großseggen- und Röhricht-Gesellschaften sowie in Zwischenmooren.

Verbreitung: In den temperierten und kühlen Zonen Eurasiens weit verbreitet, ostwärts bis M-Sibirien, im Mittelmeergebiet selten; auch im Kaukasus-Gebiet und im W-Himalaya. In Deutschland zerstreut; viele frühere Vorkommen bereits erloschen, in den Gebirgen selten oder fehlend.

Peucedanum palustre (L.) Moench
Sumpf-Haarstrang

Hochwüchsiges Doldengewächs mit 50 bis 150 cm hohem, hohlem Stengel, Blätter 3fach gefiedert, Teilblätter letzter Ordnung mit schmalen, 4 bis 5 mm breiten Zipfeln. Blütendolde zusammengesetzt, mit 15 bis 30 Dolden 2. Ordnung, Einzelblüten weiß. Blütezeit Juli bis August. Zweijährig.
Vorkommen: In Verlandungssäumen an Ufern, auf Flach- und Zwischenmooren, in ärmeren Bruchwäldern, auf nassen, z.T. zeitweilig flach überschwemmten, mäßig nährstoffreichen Torf- und Sumpfhumusböden. Schwerpunkt in ärmeren Großseggen-Gesellschaften, hier bei Aufhören der Nutzung mitunter aspektbildend, auch an den Schwingkanten von Moorseen.
Verbreitung: In großen Teilen Europas mit Ausnahme des Südwestens, des Südens und der meisten Inseln, in Asien ostwärts bis zum Altai. In Deutschland vom Tiefland bis in das höhere Bergland häufig bis zerstreut.

Teucrium scordium L.
Knoblauch-Gamander

15 bis 40 cm hoch werdender Lippenblütler mit oberirdischen Ausläufern, Blätter sitzend, eiförmig bis länglich, grob gekerbt-gesägt, Blüten in 2- bis 4zähligen, blattachselständigen Quirlen, hellpurpurrot. Blütezeit Juli bis August. Ausdauernd.

Vorkommen: An Ufern und auf Überschwemmungswiesen auf wechselnassen, zeitweilig überschwemmten, nährstoff- und kalkreichen Torf-, Ton- und Sandböden. Schwerpunkt in lückigen Großseggenrieden, auch in Röhrichten, Flutrasen und am Rand von Auenwäldern und Gebüschen, gern auf Störstellen.

Verbreitung: In großen Teilen des mittleren und südlichen Europa, ostwärts bis Zentralasien und Mesopotamien. In Deutschland vor allem in den Flußtälern, aber auch hier nur noch selten (früher häufiger), sonst oft weithin fehlend.

Sonstiges: Das knoblauchartig riechende, bitter schmeckende Kraut wurde früher als Heilpflanze verwendet, insbesondere als Mittel gegen die Pest.

In Mitteleuropa kommt ausschließlich die Unterart *scordium* vor. Im Mittelmeergebiet, ostwärts bis zur Krim und bis Turkestan, findet sich dagegen die Subspecies *scordioides* (Schreber) Maire et Petitmengin, die sich von der Typusunterart hauptsächlich durch folgende Merkmale unterscheidet: Ausläufersprosse dicht mit Schuppenblättern besetzt, Blätter höchstens doppelt so lang wie breit, Blätter der Hauptsprosse herzförmig halbstengelumfassend.

Scutellaria galericulata L.
Sumpf-Helmkraut

Lippenblütler mit dünnen unterirdischen Ausläufern, Stengel 15 bis 40 cm hoch, Blätter elliptisch bis länglich-lanzettlich, am Grunde schwach herzförmig. Blüten in locker übereinanderstehenden, einseitswendigen blattachselständigen Paaren, blauviolett. Blütezeit Juli bis September. Ausdauernd.

Vorkommen: An Ufern stehender und fließender Gewässer, auf Flachmooren und in Erlenbrüchen, auf nassen, z.T. zeitweise überschwemmten, nährstoffreichen Torf-, Ton- und humosen Sandböden, auch auf Pfählen und zwischen Steinen der Uferbefestigungen. Schwerpunkt in Großseggen-Gesellschaften, auch in Röhrichten und Hochstaudenfluren.

Verbreitung: In den temperierten und kühleren Zonen der nördlichen Erdhalbkugel weit verbreitet, im Mittelmeergebiet nur vereinzelt. In Deutschland vom Tiefland bis in die Alpen meist häufig.

Cardamine palustris (Wimmer et Grabowski) Peterm.
Sumpf-Schaumkraut

30 bis 60 cm hoch werdender Kreuzblütler, Kleinart aus der Wiesen-Schaumkraut-Gruppe, Blätter fiederteilig, Teilblättchen der unteren Stengelblätter gestielt. Blüten etwas größer als die des Wiesen-Schaumkrautes, Kronblätter 12 bis 19 mm lang, reinweiß. Blütezeit Mai bis Juni (etwa 14 Tage später als *C. pratensis*).
Vorkommen: An Ufern, auf sumpfigen Wiesen und in Bruchwäldern auf nassen und feuchten, nährstoffreichen, reinen oder tonigen Torfböden. Schwerpunkt in ärmeren Großseggen-Gesellschaften, aber auch in Erlenbrüchen und Flutrasen.
Verbreitung: In den temperierten bis borealen Zonen Eurasiens weit verbreitet, auch im nordöstlichen N-Amerika. In Deutschland vor allem im Tiefland zerstreut, Verbreitung im einzelnen noch ungenügend bekannt.
Sonstiges: Das auf (mageren) Feuchtwiesen wachsende Wiesen-Schaumkraut (*C. pratensis* L.) besitzt ungestielte Teilblättchen, Kronblätter 6 bis 12 mm lang, hell-lila.
In Quellfluren und Quell-Erlenbrüchen das Bittere Schaumkraut (*C. amara* L.), Stengel markig, kantig, Kronblätter weiß, Staubblätter violett (bei der *C. pratensis*-Gruppe gelb).

Lysimachia vulgaris L.
Gewöhnlicher Gilbweiderich

Aufrecht, mit 50 bis 120 cm hohem Stengel, im oberen Teil verzweigt, Blätter gegenständig oder in 3- bis 4zähligen Quirlen, lanzettlich bis eilanzettlich, behaart. Blüten 5zählig, in kurzgestielten, seiten- oder endständigen Trauben oder Rispen, Kronblätter 8 bis 11 mm lang, gelb. Blütezeit Juli bis August. Ausdauernd.
Vorkommen: An Ufern, auf Flachmooren und in Bruchwäldern auf nassen (wechselnassen), nährstoffreichen Torf-, Lehm- und Tonböden. Schwerpunkt in Großseggen-Gesellschaften, auch in trockeneren Ausbildungen des Schilf-Röhrichts und in Hochstaudenfluren, in Bruchwäldern meist mit herabgesetzter Vitalität.
Verbreitung: In den gemäßigten Zonen Eurasiens weit verbreitet, vereinzelt in N-Afrika; in N-Amerika eingebürgert. In Deutschland vom Tiefland bis zu den Alpen weit verbreitet und meist häufig.
Sonstiges: An Ufern und Grabenböschungen vielfach auch das niedrige, auf der Erde kriechende Pfennigkraut (*L. nummularia* L.) mit rundlichen Blättern und rd. 15 mm breiten gelben Blüten. Es wird auch gern als Bodendecker an Gartenteichen verwendet, insbesondere zum Verdecken von Beckenrändern. Im Garten auch die Sorte ‚Aurea' mit gelbgrünen Blättern. Der ebenfalls niederliegend-kriechende Hain-Gilbweiderich (*L. nemorum* L.) mit eiförmig-zugespitzten zarten Blättern und etwa 10 mm breiten, fädlich gestielten Blüten ist eine Pflanze der Waldquellen, Bach-Eschen- und Schluchtwälder und hat als subatlantische Art seinen Verbreitungsschwerpunkt im Westen und Nordwesten Deutschlands und in den Gebirgen.

Lysimachia thyrsiflora L.
Straußblütiger Gilbweiderich

Aufrechte Sumpfpflanze mit 30 bis 60 cm hohem Stengel, meist unverzweigt, Blätter gegenständig, die unteren klein und schuppenförmig, die oberen schmal lanzettlich, zugespitzt, am Rande und unterseits auf dem Mittelnerv behaart. Blüten 6zählig, in dichten, aufrechten, kugeligen, 1,5 bis 2,5 cm langen, gestielten Trauben in den Achseln der mittleren Stengelblätter, Kronblätter 4 bis 5 mm lang, goldgelb. Blütezeit Mai bis Juni. Ausdauernd.

Vorkommen: Am Ufer von Seen und Moorgewässern, in Flach- und Zwischenmooren und Bruch- und Moorwäldern auf nassen, z.T. flach überschwemmten, mäßig nährstoff- und basenreichen Torf- und Sandböden. Schwerpunkt in ärmeren Großseggen- und Röhricht-Gesellschaften, auch in eigenen Beständen am Ufer nährstoffarmer Seen und Moorgewässer, insbesondere auch in den nassen Randzonen nährstoffarmer Moore und dort Mineralbodenwasserzeiger.

Verbreitung: Schwerpunkt im borealen Nadelwaldgürtel Eurasiens und N-Amerikas, von dort aus in die gemäßigten Zonen ausstrahlend. In Deutschland im Tiefland meist häufig, sonst zerstreut bis selten, infolge von Entwässerungen und Eutrophierung mancherorts verschwunden, im Bergland gebietsweise völlig fehlend.

Sonstiges: Der in Kleinasien, SO- und S-Europa (bis Österreich) heimische Punktierte Gilbweiderich oder Tüpfelstern (*L. punctata* L.) wird in Deutschland seit Ende des 16. Jahrhunderts als Gartenpflanze gezogen und ist vielerorts, besonders im Bergland, in Hochstaudenfluren an Ufern und anderen Naßstandorten verwildert und eingebürgert. Die 30 bis 90 cm hoch werdende Art besitzt kreuzgegenständige bis quirlständige, lanzettliche, ziemlich rauh behaarte, unterseits dunkel punktierte Blätter, die fünfzähligen gelben Blüten sitzen in blattachselständigen Quirlen und bilden eine lange beblätterte Traube.

10 Hochstaudenfluren

Häufig treten an nährstoffreichen Gewässern Pflanzengesellschaften aus hochwüchsigen Stauden in Erscheinung. Sie finden sich vor allem an den Rändern von Fließgewässern, von kleinen Quellrinnsalen bis hinab zu den Ufern großer Flüsse und Ströme, fehlen aber auch nicht an den Ufern von stehenden Gewässern. Hier an den Ufern finden diese feuchtigkeits- und lichtliebenden Arten ausgezeichnete Möglichkeiten zur Entfaltung, zumal diese Standorte durch Hochwasser oder durch Grabenaushub meist noch zusätzlich mit Nährstoffen versorgt werden. Obwohl derartige Gesellschaften auch in einer Naturlandschaft mit vorherrschender Waldvegetation vorkommen, wo gerade an den Ufern noch vielfach offene Wuchsplätze vorhanden sind, darf es doch als sicher gelten, daß sie ihre heutige weite Verbreitung dem Menschen verdanken, der ihnen durch die Zurückdrängung des Waldes in der Kulturlandschaft zahlreiche weitere Wuchsräume eröffnet hat. Da die meisten Hochstauden gegenüber Schnitt empfindlich oder unverträglich sind, werden sie von den Naß- und Feuchtwiesen entweder ganz ferngehalten oder existieren dort oft nur mit herabgesetzter Vitalität.

Buntblühende Hochstaudenfluren an den Rändern von Fließgewässern.

Hochstaudenflur mit Himalaya-Springkraut. Fischteich bei Guteborn/Oberlausitz.

Werden solche Wiesen aber aufgelassen, d.h. nicht mehr gemäht, können sich die Hochstauden auch dort voll entfalten und die bisherigen Wiesen in Hochstaudenfluren verwandeln, ehe sie von der einsetzenden Wiederbewaldung dann wieder zurückgedrängt werden.

Die Hauptblütezeit der meisten an den Ufern wachsenden Hochstauden liegt im Hoch- und Spätsommer. In dieser Zeit bilden sie entlang den Gewässern oftmals auffallend bunte Ufersäume. Die meisten Arten werden auch gern von Insekten aufgesucht und sind mitunter regelrechte Schmetterlingsmagneten.

Obwohl diese Hochstaudenfluren oftmals dichte Bestände bilden, gibt es bei den Ufersäumen an Flüssen nicht selten durch Hochwässer und wasserbauliche Maßnahmen bedingte Freistellen, in denen auch Hochstauden aus anderen Erdteilen, die als Zierpflanzen nach Europa kamen, Fuß fassen können. So weisen gerade die Flußufer-Hochstaudensäume einen hohen Anteil von Neophyten auf, die sich hier schon völlig eingebürgert haben und mitunter neue Gesellschaften aufbauen oder den Aspekt bestimmen.

Carex cespitosa L.
Rasen-Segge

20 bis 50 cm hohe, verschiedenährige Horstsegge mit hellgrünen, 2 bis 3 mm breiten Blättern, grundständige Blattscheiden dunkelrot. Blütenstand mit 1 bis 3 (meist 2) weiblichen Ährchen und 1 (selten 2) männlichen Ährchen. Blütezeit Mai bis Juni. Ausdauernd.
Vorkommen: Auf nassen zeitweise überschwemmten, mäßig nährstoff- und kalkreichen Torfböden. Schwerpunkt in Hochstaudenfluren und Kennart der Rasenseggen-Gesellschaft (Caricetum cespitosae), auch in Großseggen-Rieden und Erlenbrüchen.
Verbreitung: Schwerpunkt in der borealen Nadelwaldzone Eurasiens, außerhalb dieser vor allem in den höheren Gebirgen, sonst selten und gebietsweise fehlend. In Deutschland vor allem im Nordosten, aber auch dort nur zerstreut bis selten, infolge von Meliorationen vielerorts bereits verschwunden, sonst nur vereinzelt und in vielen Gebieten völlig fehlend.

Geranium palustre L.
Sumpf-Storchschnabel

Mäßig hohe Sumpfstaude, 30 bis 80 cm hoch werdend, Blätter 5 bis 7 spaltig. Blüten auffällig groß, etwa 3 cm im Durchmesser, purpurrot, mit je 5 Kelch- und Kronblättern und 10 Staubgefäßen, Frucht eine Spaltfrucht von storchschnabelartiger Gestalt. Blütezeit Juni bis September. Ausdauernd.

Vorkommen: In Staudenfluren an Gräben, Bächen und Teichen, auf feuchten bis nassen Wiesen und am Saum von Gebüschen, auf sickernassen, nährstoff- und kalkreichen Torf- und Lehmböden. Kennart der Mädesüß-Flur (Filipendulo-Geranietum palustris).

Verbreitung: Mittel- und O-Europa, nordwärts bis SO-Finnland, südwärts bis N-Italien und nördliches SO-Europa, Kaukasusgebiet. In Deutschland im Osten häufig, im Westen und Süden zerstreut, im nordwestlichen Tiefland selten oder fehlend; vor allem in den Flußtälern, in den Gebirgen bis 900 m.

Sonstiges: In Hochstaudenfluren der Gebirge vielfach der Wald-Storchschnabel (*G. sylvaticum* L.), 20 bis 60 cm hoch, Blütenstand drüsig behaart, Blätter 7teilig, Blüten 22 bis 30 mm im Durchmesser, rötlichviolett, selten rosa oder weiß. Verbreitet in großen Teilen Europas und der nördlichen Türkei, ostwärts bis W-Sibirien.

Filipendula ulmaria (L.) Maxim.
Wiesen-Mädesüß

Bis 150 cm hoch werdende Staude mit unterbrochen fiederteiligen Blättern und kleinen, gelblich-weißen Blüten, die an der Spitze der Sprosse zahlreich in vielstrahligen Trugdolden zusammensitzen. Blütezeit Juni bis August. Ausdauernd.

Vorkommen: In Staudenfluren an Ufern, in Auenwäldern und Naßwiesen, auf sicker- und grundnassen Torf-, Lehm- und Tonböden. Kennart der Mädesüß-Flur (Filipendulo-Geranietum palustris), auch in Auenwäldern, auf den Wiesen infolge des Schnittes oft nicht zur Blüte kommend, auf aufgelassenen Wiesen als Verkrautungspionier.

Verbreitung: Ganz Europa mit Ausnahme des größten Teils des Mittelmeer-Gebietes, Kaukasusgebiet, W- und M-Sibirien. In Deutschland von der Ebene bis ins Gebirge (bis etwa 1000 m) kaum irgendwo fehlend und meist häufig.

Sonstiges: Eine Form mit dicht gefüllten Blüten (cv. 'Plena') und eine mit goldgelb gefärbten Blättern (cv. 'Aurea') werden als Zierpflanzen in Gärten verwendet, vor allem an Gartenteichen und anderen Feuchtbiotopen.

Senecio paludosus L.
Sumpf-Kreuzkraut

Hochwüchsige, bis 170 cm Höhe erreichende Staude mit schmal-lanzettlichen, scharf gesägten, sitzenden Blättern und hellgelben, etwa 3 cm breiten Blütenköpfen. Blütezeit Juli bis August. Ausdauernd.

Vorkommen: An Ufern und in verwachsenen Gräben auf nassen, zeitweilig überschwemmten nährstoff- und basenreichen Torf- und Tonböden in sommerwarmen Gebieten. In Hochstaudenfluren, Röhrichten und Großseggen-Gesellschaften, auch auf Lichtungen des Erlenbruchwaldes und zwischen Weidengebüsch.

Verbreitung: In großen Teilen Europas, im Norden fehlend, südwärts bis M-Frankreich, Po-Ebene und Thrazien, ostwärts bis W-Sibirien. In Deutschland hauptsächlich im Tiefland, hier meist zerstreut, stellenweise häufiger, im Bergland bis 550 m selten.

Sonstiges: Ähnlich das Fluß-Kreuzkraut (*S. fluviatilis* Wallr.), aber Blütenköpfe mit 7 bis 8 goldgelben Zungenblüten (bei *S. paludosus* mit 10 bis 20 Zungenblüten), Höhe 60 bis 150 cm, in Hochstaudenfluren an Fluß- und Altwasserufern sowie zwischen Weidengebüsch, Stromtalpflanze, in Deutschland fast nur in den Tälern von Oder, Havel, Elbe, Weser, Mittel- und Niederrhein, Main und Donau.

Euphorbia palustris L.
Sumpf-Wolfsmilch

Sehr kräftige, milchsaftführende Staude mit kriechendem dickem Wurzelstock und tiefreichendem Wurzelsystem, Stengel am Grunde rot überlaufen, bis 125 (bis 150) cm hoch, im oberen Teil mit vielen Seitenästen, Stengelblätter wechselständig, lanzettlich, sitzend, fast ganzrandig. Die gelblichen Einzelblütenstände (Cyathien) stehen in doldenartigen Gesamtblütenständen; Drüsen des Hüllbechers oval. Blütezeit Mai bis Juni. Ausdauernd.

Vorkommen: In Hochstaudenfluren, Röhrichten und Großseggen-Beständen, zwischen Weidengebüsch und auf Lichtungen des Auenwaldes auf meist staunassen (wechselnassen), nährstoff- und kalkhaltigen Ton- und Torfböden. Kennart der Ehrenpreis-Sumpfwolfsmilch-Gesellschaft (Veronico-Euphorbietum palustris).

Verbreitung: M- und O-Europa, ostwärts bis W-Sibirien, im Norden bis S-Skandinavien, im Süden bis N-Spanien, S-Italien, südliche Balkanhalbinsel und Kaukasus. In Deutschland fast nur in den großen Stromtälern, hier stellenweise häufig, durch Meliorationen und wasserbauliche Maßnahmen vielerorts stark zurückgedrängt.

Sonstiges: An ähnlichen Standorten im Odertal, sehr selten auch an Oberrhein und Donau, die bis 130 cm hoch werdende Glanz-Wolfsmilch (*Euphorbia lucida* W. et K.) mit stark glänzenden, lanzettlichen bis eilanzettlichen Blättern, Drüsen des Hüllbechers halbmondförmig (zweihörnig).

Eupatorium cannabinum L.
Wasserdost, Kunigundenkraut

Bis 150 cm hohe Staude mit handförmigen, 3 bis 5teiligen Blättern, Einzelabschnitte lanzettlich, zugespitzt und grob gesägt. Blütenköpfe klein, trübrosa, in dichten schirmförmigen Doldentrauben, Früchte mit Haarkrone (Windverbreitung). Blütezeit Juli bis September. Ausdauernd.

Vorkommen: An Ufern stehender und fließender Gewässer, an den Säumen und auf Verlichtungen von Erlenbruchwäldern, auf feuchten meist nährstoff- und kalkreichen Torf- und humosen Sandböden. Kennart der Wasserdost-Hochstaudenflur (Convolvulo-Eupatorietum).

Verbreitung: Fast ganz Europa, im Norden fehlend, östlich bis zum Ural, nördliches Kleinasien und NW-Iran, vereinzelt in N-Afrika und entlang der Ostküste des Mittelmeeres. In Deutschland vom Flachland bis in mittlere Gebirgslagen weithin verbreitet und meist häufig.

Sonstiges: Die im Hoch- und Spätsommer erscheinenden Blüten werden sehr stark von Tagfaltern beflogen (Schmetterlingsmagnet). Die Art wurde früher als Heilpflanze verwendet und ist auch die heute noch Bestandteil homöopathischer Arzneimittel. Mehrere nordamerikanische *Eupatorium*-Arten als hochwüchsige Zierstauden in Gärten, an Gartenteichen vor allem das bis 2 m hoch werdende *E. maculatum* L. 'Atropurpureum' mit weinroten Blüten und auffallend purpurroten Stengeln.

Im Uferbereich fließender, aber auch stehender Gewässer stellenweise auch durch ihre großen rhabarberartigen Blätter auffallenden und mitunter dichte Krautfluren bildenden Arten der Gattung *Petasites* (Pestwurz). Ihre zahlreiche kleine Korbblüten enthaltenden Blütentrauben werden etwa 30cm (z.T. auch 80-100cm) hoch und erscheinen vor den Blättern. Die Blüten sind bei der vom Flachland bis in mittlere Gebirgslagen häufigen Roten Pestwurz (*P. hybridus* (L.) G., M. Sch.) rötlich, bei der an Gebirgsbächen und -flüssen verbreiteten Weißen Pestwurz (*P. albus* (L.) Gaertn.) weißlich und bei der auf sandigen Ufern ostmitteleuropäischer Flüsse (Elbe, Saale, Havel, Oder) und der Ostseeküste vorkommenden Filzigen Pestwurz (*P. spurius* (Retz.) Rchb.) hellgelb.

Pulicaria dysenterica (L.) Bernhardi
Großes Flohkraut, Ruhrkraut

Das Große Flohkraut ist eine etwa 100 cm hoch werdende Staude mit oben wollig-filzigem Stengel und lanzettlichen, herzförmig-stengelumfassenden, ganzrandigen Blättern. Blütenköpfe mittelgroß, in lockeren Doldenrispen. Blütezeit Juli bis September. Ausdauernd.
Vorkommen: Meist gesellig und herdenweise an Rändern von Bächen, Gräben, Wiesen und Wegen auf nassen bis wechselfeuchten, nährstoff- und basenreichen Lehm- und Tonböden; etwas sommerwärmeliebend. Salzertragend und daher auch an den Küsten und an Binnensalzstellen; in Hochstaudenfluren und Flutrasen.
Verbreitung: M-, W- und S-Europa, im Süden ostwärts bis ins Dnjeprgebiet und bis zur Krim, ferner in N-Afrika, Vorderasien und westliches Zentralasien. In Deutschland in den Strom- und Flußtälern, den Küstengebieten Schleswig-Holsteins und Mecklenburg-Vorpommerns und im nördlichen Mittelgebirgs-Vorland häufig bis zerstreut, sonst selten, gebietsweise völlig fehlend; infolge Meliorationen und Verbauung stellenweise bereits verschwunden.
Sonstiges: Früher als Heilpflanze gegen die Ruhr verwendet.

Valeriana officinalis L.
(*Valeriana exaltata* Mik. f.)
Echter Arznei-Baldrian

Bis 150 cm hoch werdende vielstengelige Staude meist ohne Ausläufer, Blätter fiederteilig, Fiederblättchen 15 bis 19, lanzettlich mit 5 bis 11 Zähnen. Blüten meist weiß, in verzweigten Trugdolden. Blütezeit Juli bis August. Ausdauernd.

Vorkommen: An Ufern und Gräben, in Verlichtungen und Säumen von Feuchtwäldern auf nassen bis wechselfeuchten, mäßig nährstoffreichen, kalkreichen Lehm-, Ton- und Torfböden; in Hochstaudenfluren.

Verbreitung: Ganz Europa mit Ausnahme des äußersten Nordens und Südens, Kaukasusgebiet, W- und Zentral-Asien, Sibirien (östlich bis Sachalin), N-China. In Deutschland im östlichen Flachland (westlich bis zur Weser) zerstreut, im Mittelgebirgsland etwas häufiger, jedoch streckenweise auch selten oder fehlend, in den Alpen vereinzelt bis 2400 m.

Sonstiges: Vor allem diese Baldrian-Art wird seit altersher als Heilpflanze genutzt; aus dem charakteristisch riechenden Wurzelstock werden vor allem beruhigende Arzneimittel hergestellt.

Valeriana sambucifolia Mikan f.
(*Valeriana officinalis* L. subspec. *sambucifolia* (Mikan f.) Celak.)
Holunderblättriger Baldrian

Bis 80 cm hoch werdende Staude mit kurzen Ausläufern, Blätter fiederteilig, Fiederblättchen 5 bis 9, länglich-eiförmig, gesägt-gezähnt. Blüten rötlich-weiß, frühblühend. Blütezeit Mai bis Juni. Ausdauernd.
Vorkommen: In staudigen Ufersäumen an Bächen und Gräben, auch an leicht beschatteten Standorten unter Bäumen und auf Waldlichtungen von Bruch- und Auenwäldern, auf nassen bis feuchten (wechselnassen), nährstoff- und basenreichen sandigen Ton- und Torfböden.
Verbreitung: N-Europa, nördliches und östliches M-Europa, vereinzelt bis zu den Pyrenäen, N-Italien, nordwestliches SO-Europa und Karpaten. In Deutschland im Osten zerstreut bis selten, stellenweise (so Spreewald) häufig.
Sonstiges: An ähnlichen Standorten weitere verwandte Baldrian-Arten bzw. Kleinarten, davon am verbreitetsten und häufigsten der Kriechende Arznei-Baldrian (*V. repens* Host = *V. procurrens* Wallr.), Pflanze ebenfalls mit Ausläufern, mittlere Stengelblätter mit 9 bis 15 (17) Fiederblättchen, spätblühend.

Hypericum tetrapterum Fries
(*Hypericum acutum* Moench)
Flügel-Hartheu
Geflügeltes Johanniskraut

Mäßig hohe Sumpfpflanze mit 30 bis 60 cm hohem, aufrecht ästigem, vierflügligem Stengel, Blätter oval, stumpf, dicht durchscheinend punktiert. Blüten in einem endständigen doldenartigen Blütenstand, Kelchblätter lanzettlich, zugespitzt, Kronblätter 6 bis 8 mm lang, hellgelb. Blütezeit Juli bis August. Ausdauernd.

Vorkommen: In der Verlandungszone von Gewässern oder auf Flachmooren auf wechselnassen, zeitweilig überschwemmten, nährstoffreichen humosen Sand-, Lehm-, Ton- und Torfböden. In Hochstaudenfluren an Ufern, in staudenreichen Großseggen-Gesellschaften, in Röhrichten und Flutrasen sowie vereinzelt auch zwischen Weidengebüsch.

Verbreitung: Gemäßigte Zonen Europas, im Norden nur bis Dänemark und Lettland, zerstreute Vorkommen in W-Asien und im Kaukasusgebiet. In Deutschland häufig bis zerstreut, in den höheren Gebirgen selten oder fehlend.

Sonstiges: In Hochstaudenfluren der Gebirge auch das Stumpfliche Johanniskraut (*H. dubium* Leers = *H. maculatum* Crantz subsp. *obtusiusculum* (Tourl.) Hayek), Stengel nur stellenweise vierkantig, nicht oder nur wenig geflügelt, Blätter breit eiförmig, Kronblätter goldgelb, meist auf der Fläche und am Rande schwarz punktiert, Blüten 25-30 mm breit, Pflanze 50-80 cm hoch.

In Süddeutschland in Staudenfluren an Gräben, Quellen und Ufern sowie auf Moorwiesen ferner *H. × desetangsii* Lamotte, eine Hybride zwischen *H. dubium* und *H. perforatum*, 30-100 cm hoch, Blätter länglich-eiförmig, die 10-16 mm langen goldgelben Kronblätter nur randlich spärlich schwarz punktiert.

Scutellaria hastifolia L.
Spießblättriges Helmkraut

15 bis 30 cm hoher Lippenblütler, unterste Blätter eiförmig, mittlere spießförmig mit waagerecht abstehenden Öhrchen. Blüten 20 bis 22 mm lang, blattachselständig, an der Spitze traubig gehäuft, violettblau. Blütezeit Juni bis August. Ausdauernd.

Vorkommen: In den Auen der großen Flüsse (Stromtalpflanze) auf wechselnassen bis feuchten, nährstoff- und basenreichen, oftmals kiesig-sandigen Lehm-, Ton- und Torfböden. In ufernahen Hochstaudenfluren, zwischen Weidengebüsch und auf Überschwemmungswiesen.

Verbreitung: O- und SO-Europa, in M-Europa nach Westen hin ausklingend. In Deutschland vor allem in den Stromgebieten von Oder und Elbe, vereinzelt auch an unterer Weser, mittlerem Rhein und Donau unterhalb von Regensburg; durch Gewässerausbau vielfach erloschen.

Achillea salicifolia Besser
(*Achillea cartilaginea* Ledeb.)
Weidenblättrige Schafgarbe, Knorpel-Schafgarbe

20 bis 120 cm hoher Korbblütler mit lineal-lanzettlichen, locker angedrückt behaarten, durchscheinend drüsig punktierten graugrünen Blättern. Blütenköpfchen 1 bis 1,2 cm breit mit weißlichen Scheiben- und weißen Zungenblüten, in einer lockeren Doldenrispe zusammensitzend. Blütezeit Juli bis August. Ausdauernd.

Vorkommen: In flußbegleitenden Hochstaudenfluren, zwischen Weidengebüsch, auf wechselnassen, zeitweilig überfluteten, nährstoffreichen Lehm- und humosen Sandböden.

Verbreitung: Vom östlichen M-Europa ostwärts bis Sibirien und das nordwestliche Zentral-Asien, westwärts bis in die Flußtäler der Oder und der unteren Havel.

Sonstiges: Ähnlich die Sumpf-Schafgarbe (*A. ptarmica* L.), aber Blätter kahl, drüsenlos, glänzend, Blütenköpfchen 1,2 bis 1,7 cm breit, Pflanze nur bis 60 cm hoch. Die hauptsächlich auf ungedüngten Pfeifengraswiesen wachsende Art kommt mitunter auch in Hochstaudenfluren an Gräben und Bächen vor; sie ist in ganz Deutschland vom Flachland bis in mittlere Gebirgslagen verbreitet, aber vielfach im Rückgang und gefährdet. Eine Form mit gefüllten Blüten ist eine häufige Gartenzierpflanze ("Silberknöpfchen").

Impatiens glandulifera Royle (*Impatiens roylei* Walpers)
Drüsiges Springkraut, Himalaya-Springkraut

50 bis 250 cm hohe Pflanze mit dickem, hohlem Stengel, eilanzettlichen, am Blattstiel drüsigen Blättern und trüb-purpurroten (auch rosaroten oder weißen) gespornten Blüten, welche in langgestielten 2- bis 14blütigen Trauben angeordnet sind. Die reifen Kapseln springen bei Berührung schlagartig auf und schleudern die Samen fort. Einjährig (sommerannuell, Wärmekeimer).

Vorkommen: Gruppenweise im Röhricht oder in Staudensäumen oder in ausgedehnten eigenen Beständen an Ufern und in Flußauen auf wechselnassen (zeitweilig überfluteten) bis wechselfeuchten, nährstoffreichen, sandigen oder steinigen Lehm-, Ton- und Torfböden, auch in Weiden-Auenwäldern und zwischen Weidengebüsch. Benötigt als sommerannuelle Art offene Stellen, die am ehesten an Fließgewässern und an Fischteichen auftreten; jährlich in unterschiedlicher Menge erscheinend.

Verbreitung: Heimisch in den Tälern des Himalaya, von dort 1839 als Zierpflanze nach England eingeführt und alsbald auch nach Deutschland gelangt, hier aber lange Zeit noch selten; erst in neuerer Zeit stärker als Zierpflanze kultiviert. Bereits im 19. Jahrhundert erste Verwilderungen, heute in vielen Gebieten Deutschlands fest etabliert und sich weiter ausbreitend.

Rudbeckia laciniata L.
Schlitzblättriger Sonnenhut

Bis 200 cm hoch werdender staudiger Korbblütler mit ästigen Stengeln, unten fiederteiligen, oben 3- bis 5teiligen Blättern. Scheibenblüten olivfarben, Blütenboden hochgewölbt, Zungenblüten 4 bis 5 cm lang, gelb. Blütezeit Juli bis September. Ausdauernd.

Vorkommen: An Flüssen und Bächen, seltener an stehenden Gewässern, auf frischen bis nassen, gelegentlich überfluteten (wechselnassen) sandigen bis kiesigen Ton- und Torfböden, Wurzelkriech-Pionier; herdenweise in Staudensäumen, vielleicht eine eigene Gesellschaft bildend.

Verbreitung: Heimisch im östlichen N-Amerika, um 1620 nach Europa gekommen und hier als Gartenzierpflanze weit verbreitet, seit der 2. Hälfte des 18. Jahrhunderts Verwilderungen an Mittelgebirgsflüssen und von dort aus weitere Ausbreitung auch in das Flachland hinab. Heute bereits an vielen Stellen in Deutschland eingebürgert und weiterhin expandierend.

Sonstiges: In Gärten gefülltblühende Formen als häufige Zierpflanzen. Ein ebenfalls bis 200 cm hoch werdender gelbblühender Korbblütler ist die aus SO-Europa und Vorderasien stammende Telekie (*Telekia speciosa* Baumg.), Blätter groß, ungeteilt, eiförmig, Blütenköpfe 5 bis 6 cm breit, Zungenblüten 20 bis 25 mm lang, nur 1 bis 1,5 mm breit, goldgelb. Als Zierpflanze für Feuchtstandorte vor allem in Parkanlagen gepflanzt und verschiedentlich (z.B. Mecklenburg, Erzgebirge, Vogtland, Thüringen) verwildert und in Hochstaudenfluren eingebürgert.

Helianthus tuberosus L.
Topinambur

Bis 300 cm hoch werdender Korbblütler mit spindelförmigen Sproßknollen, rauhem Stengel und rauhen, herzeiförmigen bis eiförmigen, grob gesägten Blättern. Blütenkörbchen 5 bis 6 cm im Durchmesser, Zungenblüten dottergelb. Blütezeit Oktober bis November, mitunter nicht zur Blüte kommend. Ausdauernd.
Vorkommen: Aus früheren Kulturen auf ortsnahen Brach- und Ödlandflächen verwildert und eingebürgert, neuerdings sich vor allem an den Ufern von Flüssen, Gräben und stehenden Gewässern ausbreitend, auf nassen bis feuchten, z.T. zeitweilig überfluteten, nährstoffreichen Lehm- und Sandböden, auch auf Steinschüttungen. Oftmals ausgedehnte Bestände bildend und sich mittels vegetativer Vermehrung weiter ausbreitend und andere Arten verdrängend.
Verbreitung: Heimisch im östlichen N-Amerika, 1607 nach Europa gekommen und von Paris aus als Nutzpflanze (eßbare Knollen) verbreitet, jedoch seit Mitte des 18. Jahrhunderts mehr und mehr von der Kartoffel zurückgedrängt und später meist nur noch als Viehfutter oder zur Alkoholgewinnung angebaut. Bereits frühzeitig erste Verwilderungen; in vielen Gebieten Deutschlands und seiner Nachbarländer eingebürgert.

Aster lanceolatus Willdenow
(*Aster simplex* Willdenow)
Lanzettblättrige Aster

60 bis 120 (bis 150) cm hoher Korbblütler mit aufrechtem, oberwärts verzweigtem Stengel, Stengelblätter lanzettlich, in der Stengelmitte 0,6 bis 1,5 cm breit und 8 bis 15 cm lang, an den Ästen meist kleiner. Blütenkörbchen 1,5 bis 2 cm breit, Randblüten blaßlila oder weiß, in einer endständigen lockeren Rispe, ihre äußeren Hüllblätter nur etwa halb so lang wie die inneren. Herbstblühend. Blütezeit September bis Oktober. Ausdauernd.
Vorkommen: In Staudenfluren an Ufern und in Lichtungen des Auenwaldes oder zwischen Weidengebüsch, auf feuchten bis frischen, mitunter überfluteten Lehm-, Ton- und Sandböden, auch zwischen den Steinen der Uferbefestigungen und an Dämmen und Straßenböschungen.
Verbreitung: Heimisch im östlichen N-Amerika, im 18. Jahrhundert als Zierpflanze nach Europa eingeführt, heute jedoch kaum noch als Gartenpflanze kultiviert, jedoch vielerorts verwildert und vor allem entlang von Flüssen eingebürgert.

Aster × salignus Willdenow
(*Aster salicifolius* Scholler)
Weidenblatt-Aster

Die Weidenblatt-Aster ist eine der vorigen ähnliche Art, jedoch sind alle Hüllblätter des Blütenkörbchens fast gleichlang, Blütenköpfe etwas größer (2,5 bis 4 cm breit), Randblüten zuerst weiß, dann bläulich oder blauviolett. Blütezeit August bis Oktober. Ausdauernd.
Vorkommen: In Staudenfluren der Flußauen an ähnlichen Standorten wie die vorige.
Verbreitung: Erst in Mitteleuropa als Hybride zwischen der Lanzettblättrigen Aster und der Glattblatt-Aster (*A. novi-belgii* L.), beide aus dem östlichen N-Amerika stammend, entstanden. Zunächst als Zierpflanze kultiviert, aber bereits im 18. Jahrhundert verwildert und in M- und W-Europa an vielen Stellen in Flußtälern eingebürgert.
Sonstiges: An weiteren nordamerikanischen Staudenastern kommt an ähnlichen Standorten insbesondere noch die erst in der 2. Oktoberhälfte blühende Kleinblütige Aster (*A. tradescantii* L.) mit ziemlich kleinen weißen Korbblüten vor.

11 Zweizahn-Fluren und Spülsaum-Gesellschaften

An den Rändern und auf Uferbänken fließender und stehender Gewässer, wo durch Strömung, Wellen und Wind Treibgut angespült wird und eine zusätzliche Düngung bewirkt, aber auch in und an abwasserbelasteten Gewässern in Ortschaften und auf Rieselfeldern entwickeln sich auf offenem sandigem, schlammigem oder schlickigem Grund im Sommer oftmals üppige und dichte, aber nur kurzlebige Krautfluren. Ihre Komponenten – einjährige, stickstoffliebende, meist hochwüchsige Arten vor allem aus den Gattungen Zweizahn (*Bidens*), Knöterich (*Polygonum*), Gänsefuß (*Chenopodium*) und Ampfer (*Rumex*) – sind durchweg Wärmekeimer. Bei ansteigenden Temperaturen zu Sommerbeginn laufen ihre Samen auf dann offenen oder wenig bewachsenen Ufern oft dicht an dicht auf und

An den Rändern von Dorfteichen trifft man regelmäßig auf Zweizahnfluren.

wachsen, durch Wärme, reichliche Feuchtigkeit und Nährstoffreichtum begünstigt, rasch zu mastigen Pflanzen empor, die im Spätsommer und Frühherbst blühen und nach den Herbstfrösten wieder absterben. Manche dieser Arten (*Bidens, Xanthium*) besitzen Klettfrüchte, die sich beim Durchstreifen der Bestände oft in unangenehmer Weise in der Kleidung des Menschen bzw. im Fell von Tieren festhaken und so weiterverbreitet werden; bei den übrigen Arten besorgen Wasser und Wind die Samenverbreitung. Wie auch bei den Arten der Zwergbinsen-Rasen, mit denen die Spülsaum-Gesellschaften und Zweizahn-Fluren oft in engem Kontakt stehen, vermögen ihre Samen oft lange im feuchten Boden zu überdauern, ehe sie Keimungs- und Wuchsmöglichkeiten finden. In der Naturlandschaft gibt es für diese Gesellschaften Wuchsmöglichkeiten vor allem an den Flußufern, aber auch an sommerlich ganz oder teilweise trockenfallenden Kleingewässern, an Wildsuhlen und Tränken. In der Kulturlandschaft werden sie vom Menschen durch Abwasserbelastung und Bodenverwundung teils gefördert, durch Uferverbauung und Kanalisation jedoch auch zurückgedrängt.

Die Ufer größerer Flüße werden von Spülsaum-Gesellschaften begleitet.

Bidens tripartita L.
Dreiteiliger Zweizahn

15 bis 150 (bis 200) cm hoher Korbblütler, Blätter 3- bis 5teilig fiederschnittig, dunkelgrün, gezähnt, Köpfchen fast stets ohne Zungenblüten, zur Fruchtzeit nicht breiter als hoch. Röhrenblüten bräunlichgelb, Früchte (Achänen) graubraun, mit 2 bis 3 widerhakigen Grannen. Blütezeit Juli bis Oktober. Einjährig (Sommerannuell).

Vorkommen: An Ufern stehender oder schwach fließender Gewässer mit schwankendem Wasserstand, besonders in Spülsäumen von Flüssen und am Rande von Tümpeln und Dorfteichen, auch auf vernäßten Ackerstellen und Schuttplätzen, auf offenen wechselnassen nährstoffreichen Sand-, Schlamm- und Tonböden. In Zweizahn-Gesellschaften, auch in Zwergbinsen-Fluren.

Verbreitung: In fast ganz Eurasien, in Europa nordwärts bis M-Skandinavien, im Mittelmeergebiet selten und stellenweise fehlend. In Deutschland ehemals vom Tiefland bis in die Alpen (bis 1250 m) meist überall häufig, in den letzten Jahrzehnten jedoch durch *B. frondosa* verdrängt und oftmals selten geworden oder verschwunden.

Sonstiges: Die Früchte der Zweizahn-Arten bohren sich, wenn sie reif sind, beim Durchstreifen der Bestände oft massenhaft in die Kleidungsstücke ein und sind nur mit Mühe wieder daraus zu entfernen.

Bidens radiata Thuill.
Strahlender Zweizahn

15 bis 80 cm hoch werdender Korbblütler, Blätter fiederschnittig 3- bis 5teilig, gelblichgrün. Köpfchen aufrecht, 1 bis 1,5 cm breit, breiter als hoch, nur mit bräunlichgelben Röhrenblüten, von abstehenden, länglich-lanzettlichen, bis 2 (bis 5) cm langen Hüllblättern strahlig umgeben; Früchte grau, mit 2 (bis 3) Grannen. Blütezeit August bis Oktober. Einjährig.
Vorkommen: Auf trockenfallenden Uferstreifen und Böden von Kleingewässern, insbesondere an Dorf- und Fischteichen, auf offenen nassen, zeitweise überschwemmten nährstoffreichen Schlammböden. In Zweizahn- und Zwergbinsen-Fluren.
Verbreitung: In weiten Teilen Eurasiens, in Europa vor allem im Nordosten, im südlichen Europa fast völlig fehlend. In Deutschland selten und gebietsweise fehlend.

Bidens frondosa L.
(*Bidens melanocarpus* Wieg.)
Schwarzfrüchtiger Zweizahn

(10 bis) 30 bis 120 (bis 300) cm hoher Korbblütler, Blätter unpaarig gefiedert mit 1 bis 2 Fiederpaaren, grob gesägt, oft rötlich. Köpfchen fast stets ohne Zungenblüten, Röhrenblüten bräunlichgelb, Früchte schwarz, mit 2 widerborstigen Grannen. Blütezeit August bis September. Einjährig.

Vorkommen: An Ufern von fließenden und stehenden Gewässern, gelegentlich auch auf Schuttflächen, auf nassen (wechselnassen) nährstoffreichen sandig-kiesigen Ton- und schlammigen Sandböden. In Zweizahn-Gesellschaften.

Verbreitung: In N-Amerika heimisch, seit 1762 in Europa eingebürgert und sich weiter ausbreitend, ebenso im nördlichen O-Asien. In Deutschland jetzt überall häufig, nur in den Alpen selten oder fehlend. Aufgrund geringerer Keimtemperaturansprüche und schnelleren Wachstums den heimischen Zweizahn-Arten deutlich überlegen und diese mehr und mehr verdrängend.

Sonstiges: Ebenfalls in N-Amerika beheimatet ist der Verwachsenblättrige Zweizahn (*B. connata* Mühlenb.), Blätter ungeteilt, in einen geflügelten Stiel verschmälert, oberseits dunkelgrün, Köpfchen braungelb, oft rot überlaufen, meist ohne Zungenblüten. Seit 1865 als Neophyt in Deutschland; vor allem an den größeren Flüssen zerstreut bis selten.

Bidens cernua L.
Nickender Zweizahn

15 bis 90 (bis 150) cm hoher Korbblütler mit ungeteilten lanzettlichen, halbstengelumfassenden scharfgezähnten Blättern. Köpfchen meist mit 6 bis 8 gelben Zungenblüten, Röhrenblüten gelblich, Früchte mit meist 4 Grannen. Blütezeit August bis Oktober. Einjährig.
Vorkommen: An Ufern von stehenden und fließenden Gewässern auf offenen, nassen, zeitweise überfluteten, nährstoffreichen Sand-, Ton- und Torfböden, Schlammpionier. In Zweizahnfluren, auch – oft in Zwergformen – in Zwergbinsen-Gesellschaften.
Verbreitung: In den gemäßigten Zonen der nördlichen Erdhalbkugel weit verbreitet, in Europa nordwärts bis M-Skandinavien, im Mittelmeer-Gebiet weithin fehlend. In Deutschland meist zerstreut, stellenweise häufiger, in den Gebirgen selten oder fehlend.

Polygonum lapathifolium L.
Ampfer-Knöterich

Pflanze mit meist aufrechtem, aber auch mit niederliegendem Stengel, 20 bis 80 cm hoch, Blätter lineal-lanzettlich, ganzrandig, Blattscheidenrand kahl oder nur sehr kurz bewimpert. Blüten in Scheinähren, Perigonblätter 2 bis 3 mm lang, rosa, weiß oder grünlich. Blütezeit Juli bis Oktober. Einjährig.

Vorkommen: An Ufern, auf Teichböden und auf Äckern auf nassen bis feuchten, mitunter zeitweilig überfluteten, sehr nährstoffreichen Schlammböden bzw. schlammigen Sand-, Lehm- und Tonböden, besonders in den Spülsäumen an den Ufern von Flüssen, Teichen und Tümpeln. In Zweizahn- und Knöterich-Gänsefuß-Gesellschaften, auf Teichböden in niederliegenden Formen auch in Zwergbinsen-Gesellschaften.

Verbreitung: Weltweit verbreitet. In Deutschland von der Ebene bis in mittleren Gebirgslagen überall häufig.

Sonstiges: Der Ampfer-Knöterich ist außerordentlich vielgestaltig, besonders bei Tracht, Blattform und -behaarung, Blüten- und Drüsenfarbe, Fruchtform und -größe. Die Art kann auch im Wasser flutende Formen bilden.

Polygonum hydropiper L.
Wasserpfeffer

Aufrechte Pflanze mit 20 bis 60 (bis 100) cm hohem Stengel, Blätter länglich-lanzettlich, beidseits verschmälert, zerkaut scharf pfefferartig schmeckend, Blattscheidenrand kurz (ungleich) bewimpert. Blüten in dünnen lockeren, oft nickenden Scheinähren, Perigonblätter 3 bis 4 mm lang, meist grünlich. Blütezeit Juni bis September. Einjährig.
Vorkommen: An Ufern, an Quellen und auf feuchten Waldwegen, auf nassen bis feuchten, zeitweise überfluteten, meist nährstoffreichen aber kalkarmen Schlamm- und Tonböden. Besonders in Spülsäumen in der Wasserpfeffer-Zweizahn-Flur, auch in anderen Zweizahn-Gesellschaften sowie in feuchtezeigenden Ausbildungen von Knöterich-Gänsefuß-Gesellschaften.

Verbreitung: In fast ganz Eurasien mit Ausnahme der arktischen Zonen und der Steppen- und Wüstengebiete, in NW-Afrika; in Amerika eingeschleppt. In Deutschland vom Tiefland bis in die Alpen meist häufig.

Rumex maritimus L.
Strand-Ampfer

Mäßig hohe Pflanze, Stengel (10 bis) 20 bis 50 (bis 70) cm hoch, meist schon unterhalb der Mitte verzweigt, Blätter lineal-lanzettlich, stumpf, bis 20 cm lang, Stengelblätter allmählich kleiner werdend, die oberen schmal-linealisch, hochblattartig. Blüten grünlich, in Blütenknäueln zu traubigen oder rispigen Blütenständen vereinigt, Blütenknäuel vielblütig, einen zur Reifezeit dichten goldgelben Fruchtstand bildend. Blütezeit Juli bis September. Einjährig.

Vorkommen: An Ufern stehender Gewässer, auf Teichböden und vernäßten Äckern, auf nassen, zeitweise überfluteten, sommerlich trockenfallenden, sehr nährstoffreichen, mitunter salzhaltigen, tonigen bis sandigen Schlammböden; Pionierpflanze. Kennart einer eigenen Gesellschaft (Rumicetum maritimi), sonst in anderen Zweizahn- und Spülsaum-Gesellschaften; auch in nässezeigenden Ausbildungen von Acker-Unkraut-Gesellschaften.

Verbreitung: Im gemäßigten Eurasien weit verbreitet, in Skandinavien nördlich bis 60 ° nördlicher Breite, in N-Amerika eingeschleppt. In Deutschland verbreitet und meist häufig, in Berglagen jedoch selten oder fehlend.

Sonstiges: Auf gleichen Standorten und oft zusammen der ähnliche Sumpf-Ampfer (*R. palustris* J. E. Smith) mit braunen bis rötlichen Fruchtständen, Valven stumpflich (nicht spitz).

Ranunculus sceleratus L.
Gift-Hahnenfuß

15 bis 45 (bis 100) cm hoch werdende Sumpfpflanze, unter ungünstigen Wuchsbedingungen jedoch auch zwergig bleibend, Stengel hohl, Blätter nierenförmig bis 5eckig, tief handförmig 3lappig, dicklich, Grundblätter rosettig ausgebreitet mit breiten, meist wieder 2- bis 3fach zerteilten und gekerbten Lappen, Stengelblätter nach oben hin zunehmend mit schmaleren, lanzettlichen Abschnitten; bei flachen Überschwemmungen des Standortes Entwicklung von 2 bis 8 cm langen und 3 bis 10 cm breiten Schwimmblättern. Blüten relativ klein, hellgelb, an gut entwickelten Exemplaren 24 bis 50 pro Stengel, an Zwergformen nur wenige. Blütezeit Juni bis September. Ein- bis zweijährig.

Vorkommen: An Ufern stehender Gewässer mit schwankendem Wasserstand, in Ausstichen und auf Teichböden, auch auf nassen Wegen und Äckern, auf nassen, zeitweise überschwemmten, nährstoff- und kalkreichen Schlammböden, salzertragend und daher auch an brackigen Gewässern. Vor allem in lückigen Schlamm-Pionierfluren und Spülsäumen, stellenweise eine eigene Gesellschaft (Ranunculetum scelerati) bildend, auch in Zweizahn-Fluren, Zwergbinsen-Gesellschaften, lockeren Röhrichten und Trittstellen auf Weiden.
Verbreitung: In Eurasien weit verbreitet, heute fast über die ganze Erde verschleppt. In Deutschland zerstreut, stellenweise häufiger, gebietsweise selten und unbeständig oder fehlend, in den Alpen bis 1000 m.

Senecio congestus (R. Br.) DC.
(*Senecio palustris* (L.) DC., S. *tubicaulis* Mansf.)
Schlamm-Greiskraut, Moor-Greiskraut

20 bis 60, zuweilen auch bis 100 cm hohe, gelbgrüne Pflanze mit hohlem, klebrigem und zottig behaartem Stengel, dicht beblättert, Stengelblätter lanzettlich, halbstengelumfassend. Blütenköpfe zahlreich, in einer doldigen Traube, 2 bis 3 cm Durchmesser, blaß goldgelb. Blütezeit Juni bis Juli. Einjährig oder zweijährig bis ausdauernd.
Vorkommen: An den Ufern stehender Gewässer, insbesondere auf trockengefallenen Uferstreifen und Störstellen, in Ausstichen und auf Teichböden, auf nassen bis feuchten, z.T. zeitweise flach überschwemmten nährstoffreichen, meist schlammigen Sand-, Ton- und Torfböden. Meist in Zweizahn-Fluren, mitunter auch eigene Bestände bildend.
Verbreitung: In großen Teilen des gemäßigten Eurasien, in Europa nordwärts bis S-Skandinavien. In Deutschland zerstreut bis selten und meist unbeständig, mitunter jedoch in größeren und dichteren Beständen, gebietsweise fehlend. In den Niederlanden zeitweilige Massenausbreitung auf trockengelegten Flächen des Ijsselmeeres, und von dort her Samenverbreitung vor allem über das westliche Mitteleuropa. Dort zahlreiche Neuansiedlungen.
Sonstiges: Das Wasser-Greiskraut (*S. aquaticus* Huds.) ist eine meist nur zweijährige Pflanze von Naß- und Moorwiesen, insbesondere von Überschwemmungswiesen in Flußauen. Die 20-60 cm hoch werdende Art besitzt ungeteilte oder nur wenig eingeschnittene Grundblätter und fiederschnittige Stengelblätter, die Blätter sind gelb- oder hellgrün, die Blütenköpfchen haben einen Durchmesser von 20-30 mm. Infolge von Grünland-Intensivierung vielerorts im Rückgang und stark gefährdet.

Alopecurus aequalis Sobol.
(*Alopecurus fulvus* Sm.)
Rotgelber Fuchsschwanz

Horstförmiges Ährenrispengras, Stengel am Grunde liegend, knickig aufsteigend, 10 bis 25 cm lang, Blätter blaugrün, Staubbeutel zuerst gelblichweiß, dann ziegelrot. Blütezeit Mai bis August. Einjährig bis ausdauernd.
Vorkommen: An Gräben und Tümpeln, auf trockengefallenen Uferstreifen und Teichböden auf nassen, zeitweise überschwemmten, nährstoffreichen schlammigen Sand-, Ton- und Torfböden, mitunter im flachen Wasser flutend. Auf terrestrischen Standorten meist in Zweizahn-Gesellschaften, stellenweise auch eine eigene Gesellschaft (Alopecuretum aequalis) bildend, in Zwergbinsen- und Strandlings-Gesellschaften übergreifend.

Verbreitung: In den nördlichen und mittleren Zonen Eurasiens und N-Amerikas weit verbreitet, auch im Himalaya und in SO-Asien sowie auf Grönland.
Sonstiges: Der habituell ähnliche Knick-Fuchsschwanz (*A. geniculatus* L.) mit graugrünen Blättern und zuerst gelbvioletten, dann braunen Staubblättern wächst vor allem in Flutrasen, insbesondere in Flutmulden.
Der bis 100 cm hoch werdende ausdauernde Wiesen-Fuchsschwanz (*A. pratensis* L.) mit aufrechten Stengeln und grasgrünen Blättern ist eine häufige Pflanze feuchter, nährstoffreicher Wiesen vor allem der Fluß- und Bachauen und ein frühblühendes, gutes Futtergras. Die anspruchsvolle, Überschwemmungen vertragende Art kommt auch auf Rohrglanzgras-Wiesen und in Hochstaudenfluren vor.

Rorippa sylvestris (L.) Bess.
Wildkresse, Wilde Sumpfkresse

Die Wilde Sumpfkresse ist ein niederwüchsiger, ausläuferbildender Kreuzblütler mit aufrechtem oder niederliegendem ästigem, 15 bis 50 cm hohem Stengel, Blätter gefiedert bis tief fiederschnittig. Blüten gelb, Schötchen 7 bis 18 mm lang. Blütezeit Juni bis September. Ausdauernd.
Vorkommen: Am Ufer von Flüssen und stehenden Gewässern mit schwankendem Wasserstand, auf Teichböden, auch auf feuchten Wegen und in Ackerrinnen, auf offenen, nassen bis feuchten, zeitweise überschwemmten nährstoffreichen Ton-, Lehm-, Sand- und Kiesböden. In der Pioniervegetation trockengefallener Uferstreifen, in Flutrasen, Zwergbinsenfluren und Unkraut-Gesellschaften feuchter Äcker und Schuttstellen.
Verbreitung: In fast ganz Europa, in den nördlichen Gebieten und auf einigen Inseln eingeschleppt oder fehlend, ferner N-Afrika und Kleinasien. In Deutschland vom Tiefland bis ins Bergland meist häufig.
Sonstiges: An den genannten Standorten an ähnlichen Arten noch Österreichische Sumpfkresse (*R. austriaca* (Crantz) Bess.), Schötchen kugelig; Zweischneidige Sumpfkresse (*R.* x *anceps* (Wahl) Rchb.), Schötchen 5 bis 7 mm lang, Blätter blaugrün, und Gewöhnliche Sumpfkresse (*R. palustris* (L.) Bess.), Kronblätter nicht länger als der Kelch, blaßgelb.

Mentha pulegium L.
Polei-Minze

Niederliegender bis aufsteigender, aromatisch riechender Lippenblütler mit oberirdischen Ausläufern, 5 bis 35 cm hoch, Blätter elliptisch bis schmal-eiförmig-elliptisch. Violette Blüten in blattachselständigen Scheinquirlen. Blütezeit Juli bis September. Ausdauernd.

Vorkommen: An Ufern von Flüssen auf nährstoffreichen, aber meist kalkarmen wechselnassen bis feuchten, zeitweise überschwemmten, schlammigen Ton- und Sandböden. In Pionier- und Flutrasen, auch in Weiderasen und Zwergbinsen-Gesellschaften.

Verbreitung: Große Teile Europas mit Schwerpunkt im Mittelmeergebiet, nordwärts bis Großbritannien und ins nördliche Mitteleuropa, ferner in Vorderasien und Abessinien. In Deutschland fast nur in den großen Stromtälern.

Sonstiges: Früher als Heilpflanze (Polei-Öl) vielfach in Gärten gezogen und gelegentlich auf Dorfangern verwildert.

Pulicaria vulgaris Gaertner
Kleines Flohkraut

Niedriger bis mäßig hoher Korbblütler mit aufrechtem, 15 bis 45 cm hohem, reich verzweigtem, oft rotem Stengel, Blätter lanzettlich bis eilänglich, die unteren stielartig verschmälert, die übrigen halbstengelumfassend sitzend, streng aromatisch riechend. Köpfchen ziemlich klein, etwa 1 cm breit, schmutzig-hellgelb, Zungenblüten sehr kurz, die Hülle kaum überragend. Blütezeit Juli bis September. Einjährig.
Vorkommen: An den Ufern stehender und fließender Gewässer mit stark schwankendem Wasserstand, insbesondere im Überschwemmungsbereich größerer Flüsse, an Altwässern, Dorfteichen, feuchten Dorfangern und Wegen, auf wechselnassen bis feuchten, nährstoffreichen Schlamm-, Ton- und Sandböden. In Spülsäumen, Zweizahnfluren und Zwergbinsen-Gesellschaften, auch in lückigen Flut- und Trittrasen.
Verbreitung: In weiten Teilen des gemäßigten Eurasien, in Europa nordwärts bis S-Schweden, ferner in N-Afrika. In Deutschland vor allem in den großen Stromtälern, hier stellenweise häufig, sonst selten und unbeständig, in den höheren Gebirgen fehlend.

Xanthium albinum (Widder) H. Scholz
Ufer-Spitzklette

Mäßig hoher Korbblütler mit aufrechtem, 10 bis 80 cm hohem, meist rotbraun geflecktem Stengel, Blätter breit dreieckig-eiförmig, lappig, groß gesägt-gezähnt, dunkel- bis gelbgrün, rauh. Köpfchen einhäusig, Blüten unscheinbar, Fruchtköpfchen gelb- bis dunkelbraun, schlank ellipsoidisch bis fast eiförmig, an der Spitze in zwei Schnäbel auslaufend, dicht mit hakigen Hülldornen besetzt. Blütezeit August bis Oktober. Einjährig.
Vorkommen: An Ufern größerer Flüsse, selten auf Schuttflächen und Ödland verschleppt, auf meist offenen, zeitweise überfluteten, feuchten bis frischen nährstoffreichen Ton-, Sand- und Kiesböden, zuweilen auch zwischen den Steinen der Uferbefestigungen; in flußbegleitenden Unkrautsäumen. Kennart der Uferkletten-Gänsefuß-Gesellschaft (Xanthio-Chenopodietum); auch in angrenzenden Pflanzengesellschaften oder einzeln als Pionierpflanze.
Verbreitung: Vor allem in den Stromtälern des nordostdeutschen Flachlandes, im Nordosten bis Lettland, sonst nur sehr zerstreut und unbeständig.
Sonstiges: Die Ufer-Spitzklette ist wahrscheinlich aus einer aus Amerika eingeschleppten *Xanthium*-Art hervorgegangen, hat sich aber erst in Europa als eigene Sippe herausdifferenziert. Erstmals um 1830 beobachtet.

Holoschoenus romanus (L.) Fritsch
(*Holoschoenus vulgaris* Link)
Kugelbinse

Mäßig hohe Uferpflanze mit unterirdischem Wurzelstock und runden, binsenartigen, 30 bis 100 cm hohen aufrechten Stengeln. Blütenstand eine scheinbar seitenständige Spirre mit 1 bis 22 (bei der in Deutschland anzutreffenden Unterart *australis* (L.) Greuter meist nur mit 3) kugeligen Köpfchen. Blütezeit Juni bis Juli. Ausdauernd.
Vorkommen: An Ufern stehender Gewässer oder an Flüssen auf wechselfeuchten, z.T. zeitweise überfluteten, nährstoffreichen Sand- oder Tonböden. In S-Europa Kennart des Kugelbinsen-Rieds, in Deutschland meist gesellig in lückigen Flutrasen und Ufersäumen, an Gräben und auf Naßweiden.
Verbreitung: W-, S- und O-Europa, W- und Zentralasien, in W-Europa nordwärts bis SW-England. In Deutschland sehr selten, nur an vereinzelten, vermutlich auf Einschleppung beruhenden Fundorten (Nahe, Rheinpfalz, mittlere Elbe, mittlere Havel, Biegener Helle bei Frankfurt/Oder).
Sonstiges: Eine seltene Art der Pionier-Gesellschaften an Ufern auf nassen, nährstoffreichen humosen Schlammböden ist auch die eurasiatisch-kontinental verbreitete, in Deutschland die W-Grenze ihres Areals erreichende Wurzelnde Simse (*Scirpus radicans* Schkuhr). Die 40-90 cm hoch werdende Art besitzt oberirdische bogenförmige, an der Spitze Laubsprosse bildende Ausläufer, 2-5 mm dicke, meist scharf dreikantige Stengel und bis 12 mm breite, flache Blätter; der Blütenstand ist eine lockere, reich verzweigte, von 2-3 laubartigen Hüllblättern gestützte Spirre. Die Wurzelnde Simse bildet lockere Rasen und ist Kennart eines zu den Röhrichten gestellten Scirpetum radicantis, kommt aber auch in Zwergbinsen-Gesellschaften und Flutrasen vor. In Deutschland gibt es nur noch wenige Vorkommen, die meisten im Donaugebiet um Regensburg; viele frühere Fundorte sind erloschen, die Pflanze daher stark gefährdet bzw. vom Aussterben bedroht.

Juncus atratus Krocker
Schwarze Binse

Relativ hochwüchsige, steifstenglige Binsen-Art mit graugrünen, deutlich 5- bis 9kantigen Blättern, obere Blätter deutlich gestreift, Perigonblätter schwarzbraun, Kapselfrüchte glänzend schwarz. Blütezeit Juli bis August. Ausdauernd.
Vorkommen: Als Pionierpflanze in Ausstichen, an Tümpel-, Teich- und Grabenrändern, in Flutrasen, Auen- und Flachmoorwiesen, auf stau- bis wechselnassen, mäßig nährstoffreichen, basischen Kies-, Sand-, Lehm- und Tonböden. Konkurrenzschwach, sommerwärmeliebend, Stromtalpflanze.
Verbreitung: Schwerpunkt in den kontinentalen Bereichen Eurasiens, in Mitteleuropa sehr selten und vielerorts bereits verschollen, noch vorhandene Vorkommen im unteren Haveltal und im Elbe-Elster-Gebiet.
Sonstiges: Eine sehr häufige Binsen-Art an Ufern, in Ausstichen, auf Mooren und Naßwiesen ist die Glanzfrüchtige Binse (*J. articulatus* L. = *J. lamprocarpus* Ehrh.), 10 bis 40 cm hoch, Blätter nicht gestreift, stark quergefächert, dunkelgrün, Perigonblätter braun, Kapselfrüchte dunkelbraun, stark glänzend.

12 Teichbodenvegetation

Auf dem Boden abgelassener Fischteiche und Talsperren, aber auch auf trockengefallenen Uferstreifen stehender und fließender Gewässer, in sommerlich austrocknenden Hochwassertümpeln und Flußauen und in vernäßten Ackersenken und Ackerfurchen entwickeln sich unter günstigen Witterungsbedingungen im Spätsommer und Frühherbst auf unbewachsenem, nassem, meist schlammigem Grund artenreiche, oftmals lückige und nur unter optimalen Bedingungen auch dichtere Bestände niedriger einjähriger Arten. Da günstige Witterungsbedingungen, d.h. ein warmer und trockener Spätsommer und Frühherbst, nicht in jedem Jahr auftreten, ist diese „Teichbodenvegetation" nicht in jedem Jahr gleich gut entwickelt; bei kühler und nasser Witterung bleibt sie meist völlig aus, ebenso auch dann, wenn Fischteiche nicht oder erst sehr spät im Jahr abgelas-

Abgelassener Fischteich mit Teichbodenvegetation.

Oben: Sommerlich trockengefallener schlammiger Uferstreifen an der Oder.
Unten: Schlammbodenvegetation auf dem Boden eines ausgetrockneten Grundmoränentümpels.

Teichbodenvegetation mit Eiförmiger Sumpf-Simse, Sumpf-Wasserstern und verschiedenene Keimlingen.

sen werden. Die für diese Vegetation spezifischen Arten sind an die geschilderten Wuchsbedingungen weitgehend angepaßt, ihre Diasporen (Sporen, Samen) vermögen viele Jahre im Schlamm auszuharren, um dann, wenn die für ihre Entwicklung günstigen Verhältnisse eintreten, rasch zu keimen, aufzuwachsen, zu blühen (bzw. zu sporifizieren) und neue Diasporen zu bilden. Diese werden nicht nur in der näheren Umgebung des Wuchsplatzes ausgestreut, sondern auch von Wat- und Wasservögeln, die auf den nassen Schlammböden nach Nahrung suchen, auf größere Entfernungen hin verbreitet. So kommt es, daß derartige Pflanzen auch an neugeschaffenen Standorten auftreten und sich dort etablieren können.

Zu den charakteristischen, teils häufigeren, teils aber auch recht seltenen Arten der Teichbodenvegetation gehören Algen, wie die Blasenalge (*Botrydium granulatum*), Lebermoose (*Riccia, Anthoceros*), kleine Sumpffarne (*Pilularia, Marsilea*) sowie eine ganze Reihe von Blütenpflanzen, insbesondere aber niedrige Riedgräser (*Cyperus, Carex, Eleocharis, Isolepis*) und Binsen (*Juncus*). Wegen der häufig vorkommenden und z.T. tonangebenden zwergigen Binsen-Arten bezeichnet man diese Pflanzengesellschaften zusammenfassend als Zwergbinsen-Gesellschaften (Isoëto-Nanojuncetea).

Peplis portula L.
(*Lythrum portula* (L.) Webb)
Sumpfquendel

Niedrigwüchsige, meist am Boden kriechende oder untergetaucht wachsende Pflanze mit 10 bis 15 (bis 50) cm langen Stengeln, eiförmigen bis spateligen, vorn abgerundeten Blättern und sehr kleinen und unscheinbaren, weißlichen oder rötlichen Blüten. Blütezeit Juli bis September. Einjährig.

Vorkommen: In sehr flachen, im Sommer meist austrocknenden Gewässern, insbesondere in Tümpeln, Teichen und Ackersenken, auf feuchten, zeitweise überfluteten, nährstoffreichen aber kalkarmen Sand-, Lehm- und Tonböden, keimt und wächst bereits unter Wasser, blüht und fruchtet aber erst nach Trockenfallen des Standortes. Meist in Zwergbinsen-Gesellschaften, mitunter eigene Bestände bildend; auch in Strandlings-Gesellschaften.

Verbreitung: Ganz Europa mit Ausnahme des hohen Nordens, südwärts bis NW-Afrika. In Deutschland in gewässerreichen Landschaften meist häufig, sonst zerstreut bis selten und vielfach unbeständig, in Kalkgebieten und in den Alpen fehlend.

Illecebrum verticillatum L.
Knorpelkraut

Niedrige Pflanze mit liegendem, 5 bis 30 cm langem Stengel, Blätter lanzettlich bis verkehrteiförmig; die kleinen ungestielten weißen Blüten sitzen zu 4 bis 6 in blattachselständigen Knäueln. Blütezeit Juli bis September. Einjährig.

Vorkommen: Auf im Winter oder im Frühjahr flach überschwemmten Standorten, wie Senken und Rinnen auf Wegen und Äckern, Ausstiche, Teiche, Tümpel und Flußufer, auf feuchten (wechselnassen), mäßig nährstoffreichen, kalkarmen offenen und meist humusarmen Kies-, Sand- und sandigen Lehmböden. Kennart der Knorpelkraut-Gesellschaft (Spergulario-Illecebretum); auch in anderen Zwergbinsen-Gesellschaften.

Verbreitung: W- und M-Europa, südostwärts bis Griechenland, ferner NW-Afrika, Azoren und Kanaren. In Deutschland vor allem in den Altmoränenlandschaften zerstreut bis stellenweise häufig, sonst selten und vielfach fehlend.

Elatine hexandra (Lapierre) DC.
Sechsmänniger Tännel

Niederliegende zarte Pflanze mit kriechenden Hauptachsen, Stengel 2 bis 20 cm lang, Blätter gegenständig, eilänglich. Blüten klein, einzeln in den Blattachseln, mit 3 Kelch- und 3 rötlich-weißen Kronblättern, 6 Staubblättern und 3 Griffeln, Samen walzlich, gerade oder schwach gebogen. Blütezeit Juni bis Oktober. Ein- bis zweijährig.

Vorkommen: Der Sechsmännige Tännel kommt an den Ufern von Teichen und Altwässern, auf den Böden abgelassener Teiche, auf offenen nassen, zeitweise überschwemmten, nährstoffreichen, aber kalkarmen humosen Schlammböden vor. In spätsommerlichen bis herbstlichen Zwergbinsen-Gesellschaften, auch eigene Bestände bildend.

Verbreitung: W- und M-Europa mit Schwerpunkt in Frankreich, nordwärts bis M-Schweden, ostwärts bis Polen und Siebenbürgen. In Deutschland meist selten, in Teichgebieten regional häufig, aber vielfach unbeständig.

Sonstiges: An gleichartigen Standorten und oftmals mit dieser Art vergesellschaftet auch die ähnlichen Arten Dreimänniger Tännel (*E. triandra* Schkuhr), Staubblätter 3, Samen schwach gebogen, und Wasserpfeffer-Tännel (*E. hydropiper* L.), Kelch- und Kronblätter je 4, Staubblätter 8, Griffel 4, Samen hakenförmig gebogen.

Elatine alsinastrum L.
Quirl-Tännel

Niedrige Pflanze mit bogig aufsteigenden Stengeln, 2 bis 50 cm lang, Blätter quirlständig, untergetauchte Blätter 8 bis 18 je Quirl, 0,1 bis 0,4 cm lang, sehr schmal, Überwasserblätter 3 bis 5 (bis 9) je Quirl, 0,1 bis 0,2 cm lang, oval oder lanzettlich. Blüten grünlich, 4zählig. Blütezeit Juni bis August (bis September), Einjährig bis ausdauernd.

Vorkommen: In sommerlich austrocknenden Wasserlachen und Feldtümpeln, auf Teichböden und an Ufern, auf nassen, zeitweise überschwemmten nährstoffreichen, meist kalk- und humusarmen Lehm- und Tonböden. In lückigen, nicht alljährlich erscheinenden Zwergbinsen-Gesellschaften, im östlichen Mitteleuropa Kennart der Quirltännel-Sandbinsen-Gesellschaft (Elatino-Juncetum tenageiae).

Verbreitung: Große Teile Europas mit Ausnahme des Nordens, nordwärts bis SW-Finnland, in vielen Gebieten des mittleren Asien bis Japan, vereinzelt auch in Algerien. In Deutschland selten, nur stellenweise etwas häufiger, jedoch meist unbeständig und nicht alljährlich auftretend.

Limosella aquatica L.
Schlammling, Schlammkraut

Kleine niedrige Pflanze, Blätter rosettig angeordnet, bei den Landformen 4 bis 11 cm lang, kürzer oder länger gestielt, länglich-eiförmig, spatelig bis lanzettlich, bei den Unterwasserformen pfriemlich oder als Schwimmblätter mit bis 18 cm langen Stielen und lanzettlich-ovalen Spreiten. Blüten sehr klein, weiß, mit 2 bis 5 cm langen Stielen. Blütezeit Juni bis Oktober. Einjährig.

Vorkommen: An sommerlich trockenfallenden Uferstreifen bzw. auf den Böden von Tümpeln und Teichen, Altwässern und Flüssen auf nassen, zeitweise überfluteten, nährstoffreichen Schlamm- und Tonböden. Kennart der Zypergras-Schlammling-Gesellschaft (Cypero-Limoselletum); auch in anderen Zwergbinsen-Gesellschaften.

Verbreitung: In großen Teilen Eurasiens und N-Amerikas sowie im Nildelta. In Deutschland vom Tiefland bis in die Gebirge zerstreut bis selten, in den großen Stromtälern örtlich auch häufiger, je nach den Witterungsverhältnissen alljährlich in unterschiedlicher Menge erscheinend.

Veronica scutellata L.
Schild-Ehrenpreis

Niedrige Pflanze mit aus kriechendem Grunde aufsteigenden blühenden Sprossen, 8 bis 30 cm lang, Blätter 2,5 bis 4,5 cm lang, lineal-lanzettlich, spitz. Blüten in blattachselständigen lockeren Trauben, klein, weiß, blaßviolett oder blaß fleischfarben, Kapsel stark abgeflacht. Blütezeit Juni bis September. Ausdauernd.
Vorkommen: An Ufern und Gräben, besonders auf offenen Uferflächen, auch in lückigen Röhrichten, Flutrasen und Flachmooren, auf nassen, z.T. zeitweise überschwemmten, nährstoffreichen, aber meist kalkarmen Schlamm-, Sand-, Kies- und Torfböden. In Zwergbinsen- und Strandlings-Gesellschaften sowie in Störstellen von Flutrasen, Großseggen- und Röhricht-Gesellschaften; Kriechpionier.
Verbreitung: In großen Teilen Europas und des nördlichen Asien, auch in N-Amerika. In Deutschland vor allem in den kalkarmen Altmoränengebieten und den Silikatgebirgen, hier mitunter häufig, sonst zerstreut bis selten; infolge Meliorationen und Düngung im Rückgang.

Eleocharis ovata (Roth) Roemer et Schultes
(*Eleocharis soloniensis* (Dubois) Hara)
Eiförmige Sumpfsimse

Niedrige, horstförmig wachsende Riedgras-Art, Stengel stielrund, 5 bis 35 cm hoch, an der Spitze mit eikugeligen bis walzlichen, rotbraunen bis dunkelbraunen Ährchen. Blütezeit Juni bis Oktober. Einjährig.

Vorkommen: Auf trockengefallenen Teichböden, am Ufer von Altwässern, Tümpeln und Flüssen, auf periodisch überschwemmten, sommerlich trocken liegenden nassen, nährstoffreichen humosen Schlammböden. Kennart der mitteleuropäischen Teichboden-Zwergbinsen-Gesellschaft (Eleocharito-Caricetum bohemicae), gelegentlich auch in Flußufer-Zwergbinsen-Gesellschaften.

Verbreitung: Zerstreute Vorkommen in M-, S- und O-Europa, ostwärts bis O-Asien, ferner Kaukasusgebiet, Indien, N-Amerika, Hawaii. In Deutschland vor allem in den Teichgebieten der Nieder- und Oberlausitz, hier mitunter häufig und gesellig, sonst selten und oft nur vorübergehend.

Eleocharis acicularis (L.) Roemer et Schultes
Nadelsimse, Nadel-Sumpfsimse

Niedrige, ausläufertreibende oder dichte Rasen bildende Riedgras-Art mit sehr dünnen, meist nur 2 bis 10 cm hohen, vierkantigen Stengeln, bei submersen Formen Halme bis 50 cm lang. Ährchen eilänglich-spindelförmig, rotbraun. Blütezeit Juni bis Oktober. Ausdauernd oder einjährig.
Vorkommen: Meist gesellig als grüner Zwergrasen an flachen, zeitweise trockenfallenden Uferpartien stehender oder langsam fließender Gewässer, auf spätsommerlich trockenliegenden Teichböden, auf mäßig nährstoffreichen, schlammigen Sand-, Kies- und Tonböden. In Zwergbinsen- und Strandlings-Gesellschaften, auch eigene Bestände bildend, kann sich rasch an neugeschaffenen Standorten einstellen.
Verbreitung: In den gemäßigten Zonen der nördlichen Erdhalbkugel weit verbreitet, auch auf Sumatra, in Australien und S-Amerika. In Deutschland vom Tiefland bis in mittlere Gebirgslagen häufig bis zerstreut.

Eleocharis austriaca Hayek (*Eleocharis palustris* subsp. *austriaca* (Hayek) Podp.; *Eleocharis mamillata* Lindb. fil.) Lindberg fil. et Dörfler subsp. *austriaca* (Hayek) Strandhede)
Österreichische Sumpfsimse

Mäßig hohe Sumpfsimse mit 2 bis 3 mm dicken, hellgrünen Stengeln. Ährchen endständig mit 50 bis 75 Blüten pro cm an der Ährchenspindel, Griffelfuß schmal kegelig, etwa doppelt so hoch wie breit. Blütezeit Mai bis August. Ausdauernd.
Vorkommen: An sommerlich trockenfallenden Uferstreifen von Flüssen und Altwässern, seltener an Seen. In Pionier-Gesellschaften mit Arten der Zwergbinsen-Gesellschaften; auch in lückigen Röhricht-Gesellschaften.
Verbreitung: In Europa vor allem in den höheren Gebirgen, ostwärts bis zum Ural, auch in W-Sibirien und im Altai. In Deutschland im südlichen Mittelgebirgsland und in den Alpen zerstreut bis selten, nordwärts bis zum Bergischen Land und zur Niederrheinischen Bucht.
Sonstiges: Die ähnliche Zitzen-Sumpfsimse (*E. mamillata* Lindb.f.) unterscheidet sich von der vorigen Art durch folgende Merkmale: Griffelfuß breiter als hoch, Perigonborsten meist 6 (bei *E. austriaca* 5), Stengel mit 8 bis 12 Leitbündeln (bei *E. austriaca* mit 12 bis 16 Leitbündeln). Die Art bevorzugt Schlammböden an Ufern oder in Teichen, wächst aber auch in Ausstichen und in Zwischenmoorschlenken. Sie ist in Deutschland selten und stark gefährdet.

Isolepis setacea (L.) R. Br.
Borsten-Moorsimse, Borstige Schuppensimse

Niedrige binsenartige Pflanze mit unverzweigtem, 5 bis 15 cm hohem Stengel. Blütenstand scheinbar seitenständig, aus 2 bis 3 sitzenden Ährchen bestehend, Ährchen eiförmig, 2 bis 4 mm lang, rotbraun. Blütezeit Juni bis September. Einjährig bis ausdauernd.
Vorkommen: Auf feuchten Sandufern innerhalb lückiger Röhrichte und Flutrasen, auf nassen Waldwegen und an Grabenrändern auf stets nassen, mäßig nährstoffreichen, kalkarmen, mäßig sauren Lehm-, Sand- und Torfböden. Kennart einer eigenen Gesellschaft (Stellario-Isolepidetum setacei); auch in anderen Zwergbinsen-Gesellschaften.
Verbreitung: In fast ganz Europa, nordwärts bis S-Skandinavien, Kaukasusgebiet, Klein- und Vorderasien, Kasachstan, Himalaya-Gebiet, N- und S-Afrika, Australien. In Deutschland vom Tiefland bis in mittlere Gebirgslagen zerstreut bis selten, örtlich häufiger.

Juncus bufonius L.
Kröten-Binse

Niedrige Binsen-Art von meist büscheligem Wuchs, Stengel dünn, 0,5 bis 1 mm breit, grasartig, 10 bis 35 cm hoch. Blütenstand meist die Hälfte oder den größten Teil des Stengels einnehmend, eine lockere, von Tragblättern gestützte Spirre bildend; Blüten einzeln oder in armblütigen Köpfchen, grün bis kastanienbraun. Blütezeit Juni bis September. Einjährig.

Vorkommen: In Pioniergesellschaften offener feuchter Standorte, vor allem an Ufern, auf Teichböden, in feuchten Ackersenken und auf feuchten Wegen, auf nährstoffreichen, kalkarmen und -reichen humosen oder rohen Sand-, Lehm-, Ton- und Schlammböden; salzertragend. In den meisten Zwergbinsen-Gesellschaften sowie in feuchten Ausbildungen von Ackerunkraut-Gesellschaften, mitunter dichte Dominanzbestände bildend.

Verbreitung: Nahezu kosmopolitisch, in den arktischen Gebieten fehlend. In Deutschland weit verbreitet und häufig, in den Alpen bis 1380 m.

Sonstiges: Die ähnliche Frosch-Binse (*J. ranarius* Perr. et Song) unterscheidet sich von der Kröten-Binse u.a. durch folgende Merkmale: untere Blattscheiden meist rot (bei *J. bufonius* meist hellbraun), Blüten an bogigen Ästen zu 2 bis 3 genähert (bei *J. bufonius* an geraden Ästen einzeln), innere Perigonblätter höchstens so lang wie die Kapsel (bei *J. bufonius* viel länger als die Kapsel). Sie wächst in Zwergbinsen-Gesellschaften auf oft salzhaltigen tonigen Böden und kommt vor allem an den Küsten und an Binnensalzstellen vor.

Coleanthus subtilis (Tratt.) Seidl
Scheidenblütengras

Niederliegendes Zwerggras, Stengel 5 bis 8 cm hoch, Blattscheiden stark aufgeblasen, Blätter 1 bis 2 cm lang und 1 bis 2 mm breit. Rispe 1 bis 3 cm lang, aus 3 bis 20 büschelig angeordneten Ährchengruppen zusammengesetzt. Blütezeit Juli bis Oktober. Einjährig.

Vorkommen: Auf sommerlich trockenfallenden Uferstreifen von stehenden und fließenden Gewässern und Teichböden, auf zeitweise überfluteten, dann trockenliegenden feuchten Schlammböden. In Zwergbinsen-Gesellschaften.

Verbreitung: Disjunkte Vorkommen in den gemäßigten Zonen Eurasiens von der Bretagne bis zum Amurgebiet, auch in N-Amerika (Columbia-River). In Deutschland sehr selten und vielfach unbeständig, aber mitunter massenhaft, z.B. Groß-Hartmannsdorfer Teiche im Erzgebirge.

Sonstiges: Neuerdings breitet sich an den Ufern europäischer Flüsse (Elbe, Oder, Weichsel) eine niedrige Liebesgras- (*Eragrostis*-) Art aus. Bisher teils als *E. pilosa* (L.) P.B. aus dem Mittelmeergebiet, teils als *E. multicaulis* Steud. aus Ostasien bestimmt, hat eine eingehende Untersuchung ergeben, daß es sich offenbar um eine in Europa neu entstandene Art (Neo-Endemismus) handelt. Sie hat nunmehr den Namen *E. albensis* H. Scholz bekommen.

Carex bohemica Schreb.
(*Carex cyperoides* L.)
Zypergras-Segge

Niedrige horstbildende Art aus der Gruppe der gleichährigen Seggen mit hellgrünen, 1 bis 2 mm breiten Blättern, 10 bis 30 cm hoch. Ährchen in einem kopfig gedrängten grünen Blütenstand von 1 bis 2 cm Durchmesser, dieser von 2 bis 5 bis 15 cm langen Hüllblättern umgeben. Blütezeit Mai bis September. Einjährig bis ausdauernd.

Vorkommen: An zeitweise überschwemmten, sommerlich trockenfallenden Ufern und auf Teichböden, auf offenen, nassen, nährstoffreichen sowohl rein sandig-kiesigen als auch stark schlammigen Böden. In Zwergbinsen-Gesellschaften und Kennart der Sumpfbinsen-Zyperngrasseggen-Gesellschaft (Eleochari-to-Caricetum bohemicae).

Verbreitung: Asien, O- und M-Europa, westwärts vereinzelt bis N-Frankreich und Portugal. In Deutschland vor allem in den Teichgebieten Sachsens und S-Brandenburgs, sonst selten und streckenweise fehlend bzw. nur vorübergehend auftretend.

Cyperus fuscus L.
Braunes Zypergras

Büschelig wachsendes niedriges Riedgras, Stengel aus niederliegendem Grunde aufsteigend, dreikantig, 5 bis 20 cm hoch, Blätter grasgrün. Blütenstand kopfig, aus 3 bis vielen Ährchen bestehend, Ährchen lanzettlich-linealisch, 1 bis 2 mm dick, stark zusammengedrückt, schwarzbraun. Blütezeit Juli bis Oktober. Einjährig.

Vorkommen: An Ufern und auf Teichböden, mitunter auch auf feuchten Wegen und in nassen Ackersenken, auf nackten, feuchten, nährstoffreichen, oft schlammigen sandigen und lehmigen Böden. In Zwergbinsen-Gesellschaften, auch in lückigen Röhricht- und Zweizahn-Gesellschaften vorkommend.

Verbreitung: W-, M- und S-Europa, nordwärts bis S-England und S-Schweden, mittleres O-Europa, Asien, N-Afrika, Madeira. In Deutschland zerstreut, stellenweise häufiger, gebietsweise aber auch völlig fehlend.

Sonstiges: An gleichartigen Standorten, jedoch sehr viel seltener, auch das Gelbe Zypergras (*C. flavescens* L.) mit strohgelben Ährchen. Als große Seltenheit an der mittleren Elbe ferner das Zwerg-Zypergras (*Dichostylis micheliana* (L.) Nees) mit schraubig gestellten gelblichweißen Spelzen.

Gnaphalium uliginosum L.
Sumpf-Ruhrkraut

Niedriger Korbblütler mit reich verzweigtem Stengel, Hauptachse aufrecht, 2 bis 20 cm hoch, Seitenäste meist bogig aufsteigend, dicht grau- bis weißfilzig, Blätter länglich-spatelig, graufilzig. Köpfchen klein, am Sproßende zu 3 bis 20 knäulig gedrängt, von abstehenden Hochblättern weit überragt, Blüten gelblich, Hüllblätter hellbraun. Blütezeit Juni bis Oktober. Einjährig.

Vorkommen: An Ufern, auf Teichböden und krumenfeuchten Äckern, auf offenen feuchten oder zeitweise nassen und überschwemmten, nährstoffreichen, meist kalkarmen Sand-, Lehm-, Ton- und Schlammböden. Schwerpunkt in Zwergbinsen-Gesellschaften, auch in Zweizahn- und Ackerunkraut-Gesellschaften.

Verbreitung: In weiten Teilen des gemäßigten Eurasien, im Mittelmeergebiet stellenweise fehlend, in N-Amerika eingeschleppt und eingebürgert. In Deutschland vom Flachland bis in die Gebirge weit verbreitet und meist häufig, in den Alpen bis 1600 m.

Gnaphalium luteo-album L.
Gelblichweißes Ruhrkraut

Niedriger Korbblütler mit einfachem, nur oberseits verzweigtem oder mit wenigen aufsteigenden Seitenästen versehenem Stengel, 10 bis 50 cm hoch, weißlich wolligfilzig, Blätter länglich-spatelig, oben linealisch-lanzettlich, graufilzig. Köpfchen mittelgroß, am Sproßende zu 4 bis 12 in dichten Knäueln, ohne oder nur mit kurzen Hochblättern, Blüten gelblich, oben rötlich, Hüllblätter hellbräunlich, gelblich bis weißlich. Blütezeit Juli bis September. Einjährig.

Vorkommen: An Ufern und auf Teichböden, an feuchten Stellen in Sandgruben und auf Äckern, auf offenen feuchten, zeitweise nassen, nährstoffreichen kalkarmen Sand-, Lehm- und Tonböden, auch auf Torfböden. Schwerpunkt in Zwergbinsen-Gesellschaften; auch in Strandlings-Gesellschaften und feuchten Ausbildungen von Kahlschlag-Gesellschaften.

Verbreitung: In den gemäßigten und wärmeren Zonen der Alten Welt verbreitet, auch in Australien, Neuseeland und auf vielen pazifischen Inseln, in Amerika stellenweise eingeschleppt. In Deutschland vor allem im Tiefland und in den niederen Mittelgebirgen, in den Teichgebieten Sachsens und S-Brandenburgs häufig, sonst zerstreut bis selten, vielfach nur unbeständig.

Corrigiola litoralis L.
Hirschsprung

Niedriges kahles Kraut mit niederliegendem Stengel, 7 bis 25 cm hoch, reich verzweigt und oftmals dem Boden aufliegende flache Polster bildend, Blätter lineal-spatelig, stumpf. Blüten weiß, in dichten end- und achselständigen Knäueln. Blütezeit April bis Oktober. Einjährig.

Vorkommen: An Flußufern, seltener auf Teichböden, Wegen und Äckern auf feuchten, z.T. zeitweise überfluteten, nährstoffreichen, kalkarmen, z.T. etwas schlammigen Kies- und Sandböden, auch zwischen den Steinen der Uferbefestigungen und Buhnen. In eigenen Beständen oder in Spülsaum- und Zwergbinsen-Gesellschaften vorkommend.

Verbreitung: W-Europa und westliches bis zentrales M-Europa, nördlich bis M-Schweden und SW-Finnland, Küstengebiete des Mittelmeeres, in Amerika eingeschleppt. In Deutschland in den Tälern der größeren Flüsse und in den Teichgebieten vielfach häufig, sonst zerstreut bis selten und oftmals unbeständig, in den Alpen fehlend.

Cardamine parviflora L.
Kleinblütiges Schaumkraut

Zierliche Uferpflanze, Stengel 7 bis 25 cm hoch, meist verzweigt, Blätter gefiedert, grundständige Blätter rosettig angeordnet. Blüten klein, Kronblätter 1,8 bis 2,5 mm lang, weiß. Blütezeit April bis Juli und Oktober. Einjährig.

Vorkommen: An Ufern von Flüssen, Altwässern und Tümpeln, auf Teichböden, auf zeitweise überschwemmten, nassen bis frischen, offenen nährstoffreichen Sand-, Kies- und Schlammböden. In Zwergbinsen-Gesellschaften, auch in Zweizahn-Fluren und lückigen Flutrasen.

Verbreitung: In Europa und Asien weit, aber lückenhaft verbreitet, ebenso in N-Amerika. In Deutschland selten und oft unbeständig; vor allem in den Stromgebieten von Elbe und Oder.

Sonstiges: Das 2 bis mehrjährige, 10 bis 50 cm hohe Wald-Schaumkraut (*C. flexuosa* With.) besitzt Fiederblätter mit 6 bis 12 ei- bis nierenförmigen Teilblättchen (bei *C. parviflora* Teilblättchen linealisch bis lineal-länglich), die Kronblätter sind 2,5 bis 3 mm lang. Es wächst in beschatteten Quellfluren und quelligen Wäldern, an Waldbächen und Waldgräben sowie an nassen Waldwegen. In Deutschland kommt es vor allem in silikatischen Mittelgebirgen, in den Alpen bis 1400 m aufwärts vor, im Flachland ist es seltener.

Ludwigia palustris (L.) Elliot
(*Isnardia palustris* L.)
Heusenkraut, Wasserlöffelchen

Niedrige Uferpflanze mit kriechendem, z.T. aufsteigendem oder im Wasser flutenden Stengel, 10 bis 70 cm lang, reichverzweigt und mitunter regelrechte Teppiche bildend, Blätter ganzrandig, breit oval oder breit lanzettlich, dunkel-olivgrün, mitunter auch rotbraun gefärbt. Blüten unscheinbar, klein, einzeln in den Blattachseln sitzend, 4zählig. Blütezeit Juli bis September. Einjährig oder ausdauernd.

Vorkommen: An den Ufern meist stehender, aber auch fließender Gewässer, im flachen Wasser oder auf trockengefallenen Uferstreifen, auf nährstoffreichen, kalkarmen, sandigen oder tonigen Torf- und Schlammböden; auch auf humosen bzw. schlammigen Sand- und Kiesböden. In lückigen Zwergbinsen-Rasen sowie in Strandlings-Gesellschaften; auch in eigenen Beständen sowie zwischen lockerem Röhricht.

Verbreitung: Weltweit verbreitet, aber sehr lückenhaft: W-, M- und S-Europa, Kleinasien, Kaukasusgebiet, N-Afrika, S-Afrika, Küstengebiete des gemäßigten N-Amerika, S-Amerika, Westindien. In Deutschland selten und vereinzelt, hauptsächlich im Emsland, in der Niederlausitz und im Gebiet der unteren Schwarzen Elster, vielfach unbeständig, viele frühere Vorkommen erloschen.

Callitriche palustris L.
Sumpf-Wasserstern

Der in flachen Gewässern vorkommende Sumpf-Wasserstern (siehe Seite 161) entwickelt beim Trockenfallen des Gewässers auf schlammigem feuchtem Grund bzw. von vornherein auf entsprechenden Uferstandorten eine als forma *minima* Hoppe beschriebene Landform. Sie besitzt lediglich kleine linealische, 2 bis 5 mm lange und 0,5 bis 1 mm breite Blätter, blüht und fruchtet aber reichlich. Die rosettenartig dicht auf dem Boden aufliegende Pflanze erreicht einen Durchmesser von 2 bis 12 cm; bei zahlreichem Auftreten bildet sie größere grüne Polster auf dem Schlammboden.
Vorkommen: Auf spätsommerlich trockenfallenden Uferstreifen, auf Teichböden und in ausgetrockneten Wasserlachen auf Waldwegen, auf nassen bis feuchten, meist humosen Sand-, Lehm- und Schlammböden.
Verbreitung: Wie die Gesamtart (siehe Seite **161**).

Samolus valerandi L.
Salzbunge

Die Salzbunge ist eine niedrige bis mäßig hohe Uferpflanze, Stengel (5 bis) 15 bis 30 (bis 60) cm hoch, am Grunde mit einer Rosette spateliger Blätter, Stengelblätter verkehrteiförmig bis spatelig, glänzend. Blüten in langgestreckten Trauben oder Rispen, klein, fünfzählig, weiß. Blütezeit Juni bis September. Ausdauernd.

Vorkommen: An Ufern und Grabenrändern, auf Teichböden, auf offenen feuchten, zeitweise überfluteten oder nassen Sand- und Tonböden, salzertragend und daher besonders an Binnensalzstellen und an der Küste. In Zwergbinsen- und Strandlings-Gesellschaften, in lückigen Tritt- und Flutrasen, Salzwiesen und Röhrichten.

Verbreitung: Weltweit verbreitet, in den borealen und arktischen Zonen jedoch fehlend. In Deutschland vor allem in den Küstengebieten und in Gebieten mit Binnensalzstellen, hier stellenweise häufig, sonst zerstreut bis selten, in manchen Gegenden völlig fehlend.

Marsilea quadrifolia L.
Kleefarn

Niedrige Farn-Art in der Tracht eines vierblättrigen Sauerklees mit weithin kriechenden Stengeln, Blätter langgestielt, mit vierblättriger kleeartiger Spreite, in Knospenlage und Schlafstellung gefaltet, im flachen Wasser als Schwimmblätter ausgebildet. Sporokarpien bohnenförmig, mit kurzen Stielen am Grunde der Blattstiele entspringend. Sporenreife September bis Oktober.

Vorkommen: An Ufern von Ausstichen und Tümpeln, auf alten Gänse- oder Schweineweiden, im flachen, bis zu 50 cm tiefen Wasser oder auf offenen, nassen, sommerlich trocken fallenden Uferstandorten auf nährstoffreichen, humosen, sandigen und tonigen Schlammböden; meist an Störstellen und Sekundärstandorten, konkurrenzschwach, wärmeliebend. Im flachen Wasser in Laichkraut-Gesellschaften, an den Ufern in Zwergbinsen-Gesellschaften oder in lückigen Röhrichten.

Verbreitung: In den wärmeren Zonen Eurasiens, in Europa vor allem im Mittelmeergebiet und in SO-Europa. In Deutschland äußerst selten, nur wenige Vorkommen in der Oberrheinischen Tiefebene, stark gefährdet und vielfach bereits wieder erloschen.

Lythrum hyssopifolia L.
Ysop-Weiderich

Niedrige Weiderich-Art mit meist wechselständigen, schmal lanzettlich bis linealisch-länglichen, 5 bis 30 mm langen und 1 bis 7 mm breiten Blättern, Blüten einzeln oder zu zweit in den Blattachseln, lilapurpurn bis blaßrot, Kronblätter 2 bis 3 mm lang. Blütezeit Juni bis September. Einjährig.
Vorkommen: In lückigen Zwergbinsenrasen an Schlammufern, in sommerlich trockenfallenden Tümpeln und Ausstichen, auf Wegen und Ackerrändern, gern auch an Dorfteichen und auf Dorfangern; auf offenen, feuchten, z.T. zeitweise überschwemmten, nährstoff- und basenreichen, meist lehmigen oder tonigen Böden, salzertragend, wärmeliebend.
Verbreitung: Weltweit, vor allem in den subozeanischen Bereichen, in Deutschland zerstreut bis selten und streckenweise fehlend, vielfach unbeständig, durch Entwässerungen und Bodenversiegelungen vielerorts im Rückgang und stark gefährdet.

Literaturverzeichnis

BLINDOW, I., KRAUSE, W.: Bestämningssnyckel för svenska Kransalger. Svensk bot. Tidskr. 84 (1990), S. 119–160.

CASPER, S. J., KRAUSCH, H.-D.: Pteridophyta und Anthophyta. Süßwasserflora von Mitteleuropa Bd. 23 u. 24. Gustav Fischer Verlag Jena bzw. Stuttgart / New York 1980 / 81.

CORILLON, R.: Les Charophycées de France et d'Europe Occidentale. Bull. Soc. sci. Bretagne, hors ser. 1: 1–259, 2: 260–499(1957). (Nachdruck Koeltz, Königstein 1972).

ELLENBERG, H.: Vegetation Mitteleuropas mit den Alpen in ökologischer Sicht. 2. Aufl. Verlag Eugen Ulmer Stuttgart 1978.

FRAHM, J.-D., FREY, W.: Moosflora. Uni-Taschenbücher 1250, Verlag Eugen Ulmer Stuttgart 1987.

GLÜCK, H.: Pteridophyten und Phanerogamen. Die Süßwasser-Flora Mitteleuropas, Heft 15. Gustav Fischer Verlag Jena 1936.

HAEUPLER, H., SCHÖNFELDER, P. (Herausg.): Atlas der Farn- und Blütenpflanzen der Bundesrepublik Deutschland. Verlag Eugen Ulmer Stuttgart 1988.

HEGI, G.: Illustrierte Flora von Mitteleuropa. J. F. Lehmanns Verlag München 1906–1931; Neuauflagen ab 1970 im Carl Hanser Verlag München, Verlag Paul Parey, Berlin und Hamburg, und Blackwell Wissenschafts-Verlag Berlin.

HUTTER, C.-P., KAPFER, A., KONOLD, W.: Seen, Teiche, Tümpel und andere Stillgewässer. Weitbrecht-Verlag Stuttgart / Wien 1993.

JEDICKE, L. U. F.: Farbatlas Landschaften und Biotope Deutschlands. Verlag Eugen Ulmer Stuttgart 1992.

KAPLAN, K.: Farn- und Blütenpflanzen nährstoffarmer Feuchtbiotope. Metelener Schriftenr. f. Naturschutz 3, Metelen 1992.

KRAUSCH, H.-D.: Die Pflanzengesellschaften des Stechlinsee-Gebietes. I. Die Gesellschaften des offenen Wassers. II. Röhricht- und Großseggengesellschaften. IV. Die Moore. Limnologica (Berlin) 2 (1964), S. 145–203; S. 423–482; 6 (1968), S. 321–380.

KRAUSE, W.: Characeen aus Bayern. Teil 1: Bestimmungsschlüssel und Abbildungen. Ber. bayer. bot. Ges. 47 (1976), S. 229–418.

KRAUSE, W.: Characeen als Bioindikatoren für den Gewässerzustand. Limnologica (Berlin) 13 (1981), S. 399–418.

MARZELL, H.: Die höheren Pflanzen unserer Gewässer. Verlag Strecker u. Schröder, Stuttgart 1912, VIII, 144 S.

MEUSEL, H., JÄGER, E., WEINERT, F., RAUSCHERT, ST.: Vergleichende Chorologie der zentraleuropäischen Flora. Gustav Fischer Verlag Jena, I: 1965, II: 1978, III: 1993.

OBERDORFER, E.: Pflanzensoziologische Exkursionsflora. 6. Aufl., Verlag Eugen Ulmer Stuttgart 1990.

POTT, R.: Die Pflanzengesellschaften Deutschlands. Verlag Eugen Ulmer Stuttgart 1992.

ROTHMALER, W.: Exkursionsflora. Bd. 2 Gefäßpflanzen, Volk u. Wissen Verlag Berlin 1972; Bd. 3 Atlas der Gefäßpflanzen, 6. Aufl. ebd. 1987; Bd. 4 Kritischer Band, 5. Aufl. ebd. 1982.

SCHIKORA, F.: Taschenbuch der wichtigsten deutschen Wasserpflanzen. Emil Hübners Verlag Bautzen 1914.

SCHMIDT, D.: Die Characeen – eine im Aussterben begriffene Pflanzengruppe unserer Gewässer. Gleditschia (Berlin) 8 (1980), S. 141–157.

SCHMIDT, D.: Die Lebens- und Wuchsformen der Hydro- und Helophyten im Pleistozängebiet der DDR. Feddes Repert. 96 (1985), S. 307–342.

SCHUSTER, E., SOMMER, S.: Sumpf- und Wasserpflanzen für Garten und Landschaft. Deutscher Landwirtschaftsverlag Berlin 1984.

TÜXEN, R., PREISING, G.: Grundbegriffe und Methoden zum Studium der Wasser- und Sumpfpflanzen-Gesellschaften. Deutsche Wasserwirtschaft 37 (1942), S. 10–17, 57–69.

WACHTER, K.: Der Wassergarten. 5. Aufl. Verlag Eugen Ulmer Stuttgart 1984.

WISSING, F.: Wasserreinigung mit Pflanzen. Verlag Eugen Ulmer Stuttgart 1995.

WOLFF, P., JENTSCH, H.: Lemna turionifera Landolt, eine neue Wasserlinsenart im Spreewald und ihr soziologischer Anschluß. Verh. bot. Ver. Berlin u. Brandenburg 125 (1993), S. 37–52.

WOOD, R. C., IMAHORI, K.: The Characeae. 2. Bde. J. Cramer Weinheim 1964/65.

Register

Wissenschaftliche Pflanzennamen

Synonyme bzw. nicht mehr gültige Namen sind in steiler Schrift gesetzt.

D

E

F

G

N

O

P

R

S

T

U

V

W

X

Register

Deutsche Pflanzennamen

M

N

P

Q

R

S

T

Bildnachweis

Alscher, G., Berlin: Abb. Seite 49, 52, 71

Angerer, O. München: Abb. Seite 67, 76, 88, 100, 105, 111, 113, 126, 127, 134, 135, 143, 184, 187, 191, 198, 216, 241, 264, 271, 279, 280, 284, 290, 294, 295

Baumeister , W., Stuttgart: Abb. Seite 118, 122

Bruggen, W.E. van, Heemskerk (NL): Abb. Seite 87, 102, 128, 132, 144, 137, 139, 158, 159, 170, 201, 211, 214, 260

Cook, C.D.K., Zürich: Abb. Seite 169

Eggers, G., Kaarst: Abb. Seite 65 links und rechts

Gerkes, W., Mönchengladbach: Abb. Seite 77, 89, 90, 92, 104, 106, 107, 110, 138, 141, 175, 202, 225, 226, 243, 247, 253, 268, 274

Hanspach, D., Ortrand: Abb. Seite 68

Hellmann, V., Konstanz: Abb. Seite 61, 62, 261

Jentsch,H., Lübbenau: Abb. Seite 109, 117, 171, 234, 249

Kaplan, K., Bad Bentheim: Abb. Seite 60, 72, 80

Kasselmann, Ch., Berlin: Abb. Seite 83, 147, 291

Konold, W., Stuttgart: Abb. Seite 55, 94

Kummer, V., Potsdam: Abb. Seite 78, 107, 179, 197, 212, 224, 235, 236, 238, 242, 263, 269, 275, 299

Sass, H., Neuglobsow: Abb. Seite 285, 301

Schimmitat, J., München: Abb. Seite 248, 287, 294

Seidl, S., Altdorf: Abb. Seite 136

Wolff, O., Saarbrücken: Abb. Seite 50, 99, 101, 114, 115, 162, 163, 164, 165, 172, 173

Alle anderen Aufnahmen stammen vom Autor.

Tips zum Weiterlesen

Farbatlas Landschaften und Biotope Deutschlands. Leonie und Dr. Eckhard Jedicke. 1992. 320 S., 225 Farbf., 20 Zeichn. Kt. ISBN 3-8001-3320-2. Dieser Farbatlas führt durch die heimische Natur stellt prägnant und verständlich 55 Landschaften und 127 Biotope vor. Er ist das Ergebnis zahlreicher Exkursionen in alle Teile Deutschlands und zeigt erstmals die Landschaften und Biotoptypen Deutschlands in Wort und Bild.

Der Wassergarten. Karl Wachter. 7., völlig überarb. und neugestaltete Aufl. 1993. 256 S., 125 Farbfotos, 59 Zeichn. Pp. ISBN 3-8001-6482-5.

Wasserreinigung mit Pflanzen. F. W. Wissing. 1995. 207 S., 34 Farbf., 140 sw-Fotos und Zeichn. Kt. ISBN 3-8001-3094-7.

Wasserpflanzen für den Garten. Die besten Sumpf- und Wasserpflanzen für den Gartenteich. Wolfram Kircher. 1996. 160 S., 120 Farbfotos, 34 Zeichn. und Pflanzpläne, 8 Tab. zur Pflanzenauswahl. (Kennen & Pflegen). Pp. ISBN 3-8001-6587-2. 120 Sumpf- und Wasserpflanzen für Teiche, Bachläufe und Tröge werden in Wort und Bild vorgestellt. Sicherheit bei der richtigen Verwendung im Garten geben ausführliche Tabellen. Neben dem Standardsortiment wird auch eine Vielzahl noch wenig bekannter Arten beschrieben, die vor allem im Hinblick auf ihre Eignung für kleine Wassergärten und Tröge ausgewählt wurden.

Schöne Miniatur-Wassergärten. R. Kohle. 2. Aufl. 1996. 96 S., 53 Farbf., 26 Zeichn. Pp. ISBN 3-8001-6596-1.

Teichbau und Teichtechnik. Peter Hagen. 2. Auflage 1995. 192 Seiten, 100 Farbfotos, 30 Zeichn. Kt.(Ulmer TB 62). ISBN 3-8001-6849-9. Die Planung und der Bau eines Gartenteiches erweist sich oft als schwierig, muß er doch häufig in den schon bestehenden Garten integriert werden. Der Leser findet in diesem Buch alles, um einen Teich zu planen und zu bauen. Darüber hinaus beantwortet dieser Ratgeber die Fragen zu Erweiterungen, technischem Zubehör, Pflege und Reparatur.

Biotope im Garten. Ulrich Klausnitzer. 1994. 160 Seiten, 21 Farbfotos, 198 sw-Zeichn., 20 Tab. (Neumanns Ratschläge). Pp. ISBN 3-7402-0152-5. Zahlreiche Anregungen und Tips für alle, die mit einfachen Mitteln einen naturnahen Garten anlegen möchten.

Teiche und Tümpel im Garten. Lothar Seegers. Unter Mitarbeit von Andreas Maron und Raina Yamamoto. 3., verb. Aufl. 1993. 128 S., 39 Farbfotos, 15 Zeichn. (Ulmer TB 35). Kt. ISBN 3-8001-6819-7. Dieses Taschenbuch behandelt alle wichtigen Gesichtspunkte, die bei der Anlage von Naturteichen oder naturnahen Teichen zu berücksichtigen sind. Hierzu zählen neben der Auswahl geeigneter Pflanzen und Tiere auch die Baumaßnahmen und Pflegearbeiten.

Schöne Schwimmteiche. E. Neuenschwander. 1993. 96 Seiten, 94 Farbfotos, 54 Zeichnungen und Pläne. Pp. ISBN 3-8001-6542-2.

Aquarienpflanzen. Christel Kasselmann. 472 S., 494 Farbfotos, 8 Zeichn., 6 Tab. Pp. ISBN 3-8001-7298-4.